幸福资本

霏崆崆 —— 著

吉林文史出版社
JILIN WENSHI CHUBANSHE

图书在版编目（CIP）数据

幸福资本 / 霏崆崆著. -- 长春 : 吉林文史出版社，2024.5
ISBN 978-7-5752-0241-1

Ⅰ.①幸… Ⅱ.①霏… Ⅲ.①女性－幸福－通俗读物
Ⅳ.①B82-49

中国国家版本馆CIP数据核字(2024)第104250号

幸福资本
XINGFU ZIBEN

出 版 人　张　强
作　者　霏崆崆
责任编辑　钟　杉
封面设计　韩海静
出版发行　吉林文史出版社
地　　址　长春市净月区福祉大路5788号
邮　　编　130117
电　　话　0431-81629357
印　　刷　德富泰（唐山）印务有限公司
开　　本　670mm×960mm　　1/16
印　　张　14
字　　数　140千
版　　次　2024年5月第1版
印　　次　2024年5月第1次印刷
书　　号　ISBN 978-7-5752-0241-1
定　　价　59.00元

　　在写下这篇序言的时刻，我不由得心潮澎湃。

　　因为对我来说，《幸福资本》不仅是一本书，更是我人生旅途中最珍贵的结晶，是我对每一位女性朋友深情的告白。我出身平凡，却创造了小小的不平凡。我希望通过我的故事，激励和鼓舞每一位读者，尤其是那些在人生道路上遭遇挫折、困惑和失落的女性。

　　我出生于一个极度"重男轻女"的农村家庭，并且在这种偏见之中挣扎着长大。曾经的我万分痛恨自己是女儿身，人生第一个梦想就是要超越家族所有男人。曾经的我总喜欢把自己打扮成一个"假小子"，尽管大家都说我长得很有女人味，可是我讨厌一切和女性有关的元素。

"我的性别无法选择，我的命运我要自己主宰！"在绝望的深渊中，我选择了向命运宣战，而这个决定，让我大学毕业之后只身一人踏上了前往深圳的寻梦旅程。

　　从小的我叛逆、要强，甚至孤僻抑郁。我属于那种哪怕饿死，都会高昂着头颅向所有人说"我很好"的人。初到深圳的那几年，我频繁遭遇生活的种种打击，以及工作、情感的诸多不顺。记得最难的时候，我风餐露宿，辛苦工作一天挣的钱也只够吃一顿饭。我也曾经无数次抱怨，为什么老天对我如此不公。试问，一个自我否定的人怎么可能顺利？

　　后来我尝试改变形象，我在想，是不是我变漂亮了，人生的机遇就会不一样。可是，难过的是，当时的我四处凑钱，花光了所有积蓄到处学习形象设计、化妆造型、形体礼仪……但是我骨子里的"土气"和不自信依然根深蒂固。终于有一天，命运之神向我眨了眼，我遇到了我生命中的第一位恩师，他是一位在墨尔本教授形象学的博士。在他的课上，我了解到了一个人的形象、气质和审美就是你内心潜意识的外在表现，那是我第一次接触到形象心理学这个概念。那一刻，我突然找到了未来人生的努力方向。也是在那一刻，我开启了由外向内探索的自我成长之路。

后来，我追随这位老师去了香港，协助他处理国内外形象业务的对接工作，为了能够抓住机会，我身兼数职赚取学费。那些年，我把我的所有收入都花在了学习上，辗转各地，拜访名师，学习取经。从形象美学到心理学、中国传统文化、社交学、商学……内心的能量和智慧再经由外在的形象和谐表达，我把它称为"心形合一"的状态，处于这种状态，幸福便会事半功倍。那之后，我自己的成长和改变非常迅速，我的事业、财富、人脉、情感都逐一变得幸福富足。

后来，我把这套成长路径梳理成了一套内外合一的"幸福美学"成长体系，以"破五毒、立五德、现五美、得五福"为纲，融合了国学、心理学、社交学、美学等理论，形成了一套由内到外、全然绽放女性魅力的成长体系。也因此，我与成千上万名女性结缘，那之后我的服务客户从歌手演员扩展到福布斯富豪榜家族的成员。

2022 年，我决定把浓缩了我 19 年精华的幸福美学搬到线上，打

造了为期 4 天的"幸福变美训练营"直播课和为期 4 个半月的"幸福变美大师课"系统课，可谓一战成名，课程瞬间成了线上知识付费超级爆品。到 2023 年底，仅仅一年时间，线上付费用户已经超过一百万人。每个月的线下课"幸福道"也需要提前报名预约，每次开课都有上千人从全国各地奔赴而来……学员年龄从十几岁到 70 多岁，甚至还有从非洲、澳大利亚奔赴而来的学员。

我知道，这一切不是因为我有多优秀，相反，因为我足够平凡，恰巧创造了一些不平凡。所以我经常说，也许老天爷给我的前半生装进了如此丰富的人间体验，就是为了后半生，我的使命就是帮助女性从困境的生命体验中走出来。人生正因为有裂缝才会照进光芒，我们追光而去，那光就是幸福。人不应该白活，我们活着，就应该真正为自己不将就地活一次，活成自己想要的幸福模样。

这本书是我送给每一位女性的礼物，无论你现在处在人生的哪个阶段，无论你面临着什么样的困难，我都希望《幸福资本》能成为你的灯塔，照亮你前行的路。请你相信，每个人都能掌控自己的幸福和命运，都能让自己的人生实现一次华丽的逆转，让我们一起由美入道，成就幸福。

正如我经常说的："幸与不幸，皆由你掌控……"

content ■ **目 录** ■

第三章　情绪资本

第四章　事业资本

第
一
章

人生不必

圆满

但一定要

幸福

幸福的真相

幸福不在于你拥有什么，而在于你感受到什么；太过圆满本不圆满，因为世间万物物极必反。幸福不在彼岸，就在此岸……

在我做幸福美学指导的这十几年里，有很多人都是带着问题来听课的。

其中，我解答过最多的问题就是："崆崆老师，究竟什么是幸福？"

关于这个问题，我通常会选择开放式引导，让提出问题的人自己思考。于是，各种各样的答案呈现在我面前。

"等我有了钱……""要是能永远年轻漂亮……""有个疼我爱我的老公……""儿女学业有成……""父母身体健康……""家人平安……"

即使一些人真的实现了愿望，这种幸福的感觉也很难持久，因为生活也会在你的适应下变得索然无味。此时，你再也没有需要实现的愿望，每一日的生活只是前一日的复制，你对生活的兴趣荡然无存，所谓的幸福也将变得不复存在。

所以，生命有时需要一点儿遗憾。原因无他，只是为了让今天的自己，仍旧期待明天的无限可能。看到这里的你，想必已经猜到了答案。

"崆崆老师，究竟什么是幸福？"

"幸福就是我们的生活不够圆满，所以我们眼里有光、心中有梦。"

在十几年的幸福美学指导生涯中，我见证了无数关于幸福的探索与实践。这些经历让我深刻了解到，人生的不完美之处，往往蕴藏着更深层次的幸福。

我曾为一位女士做美学指导，她在多个网络社交平台都有数百万"粉丝"，这里我们暂且称她为 L 女士。在外界看来，L 女士的生活令人向往：永远堪称完美的造型，精致高雅；众多的"粉丝"和海量的作品；对一切事情精益求精，不允许自己有任何的不完美，是很多人心目中的女神。然而，正是这些看似完美的元素，却让她内心没有感受到丝毫的快乐和幸福。我每次见到卸了妆的她都是一脸疲惫，脸上没有一丝笑容。或许人永远在缺失时想拥有，拥有后又害怕失去，如此轮回反复。

一次，我在给 L 女士做造型定位时说道："我们要不要换一种状态，做真实的你自己喜欢的样子。不去在意别人会不会喜欢你，就做你自己，吸引能被真实的你吸引的人，放下那些需要你刻意改变才能讨好的人，如何？"

没过多久，L女士给我发了一组自己救助流浪狗的照片。照片中，她按照我的建议，穿上了简单的白T恤和牛仔裤，淡淡的妆，简单干净的高马尾，天真灿烂地同一条大型犬拥抱，无比温暖。

令人开心的是，这组照片受到了媒体铺天盖地的好评。慢慢地，她开始减少使用社交媒体，花更多时间去做自己真正喜欢的事情，甚至到后面她都不去看网友对她的评论，只是享受地去表达她自己喜欢的样子和生活。那之后，她的"粉丝"却出奇地越来越多。后来，她在与我聊天时告诉我，其实她早已不在乎"粉丝"的数量了，这个数字是多是少，有或没有，对她而言都已经不再重要，她非常享受自己每天的工作和生活，她喜欢表达真实的自我，更喜欢做一个鲜活的自己。

此时，她不再向任何人证明她可以、她很好。因为于她而言，开心已经变得很简单。一呼一吸都能让她感到轻松，一草一木都能让她感到美好。看到她整个人幸福的样子，我感到特别欣慰。

其实这就是我经常说的："真正的幸福就是做自己，无须证明；享受当下，无悔过往，不畏将来，但始终眼里有光，心中有梦。"

那么，究竟什么才是我们应该追求的幸福完整的样子呢？这里就不得不说"生命圆环"。

生命圆环，又被称作生命粗态圆环，它指的是人类在生命发展领域的十个方面。这十个方面构成了人生幸福梦想的所有内容。

生命圆环之一：健康。此处包括饮食、运动、休息等方面。

生命圆环之二：学习。此处包括不断汲取新的知识和技能，提高自己的工作生活能力。

生命圆环之三：财富。此处包括开源和节流两个方面，目的是实现财务自由。

生命圆环之四：事业。此处是指在职业方面的成功，成为某一领域的专家或翘楚。

生命圆环之五：家庭。此处要求建立一个幸福的家庭，并与家人共同创造美好的生活。

生命圆环之六：社交。此处是指让学会与朋友、同事等建立良好的人际关系。

生命圆环之七：旅行。此处的目的是学会探索世界，不断拓宽自己的视野。

生命圆环之八：审美。此处要求发挥自己的审美，让自己的生命更加美丽。

生命圆环之九：使命。此处包括为身边的环境做出贡献，以此让自己的生命变得更有意义。

生命圆环之十：灵性。此处是指探索自己的内心，并进一步探索人生的意义。

生命如圆环，中空而残缺，首尾却相连。正如《道德经》中的"道"，拥有阳面和阴面。你若能领悟到其中的真谛，亦不失为一种圆满。

幸福的阳面是什么呢？是健康、学习、财富和事业，是家庭、社交、旅行和审美。这些都是你对外在世界的一种追求与探索，无论你的生命缺少了其中的哪一项，都会让你的幸福感减分。

幸福的阴面是什么呢？是使命与灵性。了解这一问题的答案时，你就会发现自己所有的阳面，其实都源于使命与灵性，比如你的事业、美都应当朝着你自己内心真正喜欢和向往的方向去发展，而不是向这个世界证明你完成了别人的要求和期待。

可见，幸福并不完全在于你拥有什么，而是在于你一直走在成为自己最想成为的模样的路上。因为你的幸福与别人无关，它应该仅仅是你自己想要的样子。

这个世界上有太多人都在争取一个所谓圆满的人生。然而，当我们好不容易爬到终点的时候，却发现那里并没有我们想要的幸福。所以记住，幸福的终点一定是自己。只要我们一直走在成为自己的路上，忠于自己，享受当下，这就是幸福该有的样子。至于这个过程或终点却无须完美，因为不完美，我们才会追逐那些美好的梦想。太阳升到正午，就会偏西；月亮盈满到极圆，就会出现月亏。所以，亲爱的，幸福不在彼岸，就在此岸，在我们奔赴美好自我的每个此时、每个当下。

"因上努力，果上随缘。"这是我非常喜欢的一句话，也希望这句话能为你带来新的领悟和启发。

霏崆崆二三说：

① 幸福不在彼岸，就在此岸，在我们奔赴美好自我的每个此时、每个当下。

② 真正的幸福就是做自己，无须证明；享受当下，无悔过往，不畏将来，但始终眼里有光，心中有梦。

③ 幸福不是你拥有什么，而是你感受到什么。

女性和男性的幸福有什么不同

女性总是被赋予多重角色和期望。幸福是一种内心的满足与成长，女人的幸福，更多源于她们如何管理自己，如何经营自己，如何努力去迎接生命中每一个美好的瞬间。

我曾受邀参加某品牌时尚发布会，在活动现场，该品牌创始人蒂姆女士（化名）与我攀谈了几句。正说笑间，蒂姆女士的一位"小迷妹"跑来加入了我们的聊天。聊天结束后，她略带激动地问道："蒂姆女士，您把事业做到现在这样，肯定特别幸福吧？"

没想到，还没等蒂姆女士回答，"小迷妹"的男朋友却轻笑了一下。他看我们的目光都看向他，便有些不好意思地干咳了一下，随后解释道："不好意思，我没有冒犯的意思，我只是觉得，对女性来说，事业成功并不能算幸福——我听说您一直没结婚，对吧？"

"小迷妹"有些生气地说道："你太冒犯了！"

见女友生气了，他立刻补充道："我不是说不结婚不好，只是，为了事业牺牲个人感情，也不能算幸福吧？"

"小迷妹"见男友还在喋喋不休，赶忙拉走了他。

蒂姆女士无奈地冲我摊摊手："崆崆老师，其实也不能怪他这么想，这又何尝不是大部分人的想法呢？女人，非得家庭美满，儿女双全，在外人眼里才算是幸福。"

这次活动让我印象深刻，也更加印证了我在幸福学方面的研究——我们的社会和文化，对男性和女性的期望和标准确实存在差异。这种差异，也导致了女性和男性的幸福感存在不同。

男性的成功，往往与其事业的成就密切相关；女性的成功，则更多地与其在家庭和社会中的角色相关。

在男性的世界里，事业成功被视为人生意义和价值的体现。而女性的成就，却常常在于她如何维护家庭的和谐与幸福。社会普遍认为，女性在事业上的成功，并不直接等同于幸福。这种观念或许源于传统角色的刻板印象，即女性主要负责承担家庭的责任，而男性则负责外部世界的创造。

那么，怎样的女性才算得上真正幸福的女人呢？你需要掌握让你获得幸福的五大资本。

第一，得体且出众的美丽资本

对男人来说，美貌和身材似乎是可有可无的，可对于女人来说，这两点却至关重要。有人曾笑称："生活中，一个长得不好看的女人撒娇像撒泼，而好看的女人撒泼都像撒娇。"虽然这句话有失偏颇，但长得美的女人总能获得生活优待和关注，这点无可厚非。也许有人会质疑了，为什么生活中很多长得好看的女人，往往命不太好呢？不是有句老话，叫"自古红颜多薄命"吗？其实，那是因为拥有了美的资本，却尚未拥有驾驭美的能力和智慧，此时，美对于女人来说的确有可能是灾难。可如果一个女人既有能力和智慧还有美丽，那就一定可以成为幸福的宠儿。注意，这里的美并不是指你长得有多好看，也不是说身材有多好，而是说你需要有自己的品位，也需要有一些"美商"。

第二，占据主导地位的情绪资本

情绪是女性内心的风向标，能直接影响女性的幸福感。一个能够有效管理情绪的女性，就仿佛一朵始终盛开的花，无论外部世界如何变化，她都能维持心灵的美丽与清新。她知道如何在繁忙和压力中寻找一方宁静之地，让自己的心得到真正的放松。这样的女性不会被小事所扰，也不会被失败所击倒。她能以一种平静的心态接受生活的挑战，用自己的智慧和勇气解决问题。可以说，控制情绪，是构筑女性幸福的重要一步。

第三，心中有梦的事业资本

这里所说的梦与我们的人生使命有关。你需要思考，你活着的意义是什么，希望创造些什么或者留下些什么？只有拥有梦想的人生才会让我们感觉到自己的价值，所以，一个女人一定要有一份热爱的事业；然而，事业与做得多成功无关，女人做事业也不是单纯为了挣多少钱。也许你不太同意我的观点，且听我讲完。女人做事业的目的是完成自己的热爱，在自己的热爱里持续发光发热，持续成长，持续滋养自己，持续认可自己、热爱自己。相信挣钱只是最后的结果，它是果，而不是我们的因、我们的目的。否则单纯只以挣钱为目的的事业，会让我们丧失热爱和生命力，会让我们负重前行。做一个心中有梦，眼里有光的女人吧！

第四，爱与被爱的关系资本

真正幸福的女人，首先一定是爱自己的，其次是拥有爱别人的能力。也许很多人会说："老师，你让我爱别人没问题。可让我爱自己好像有些难。"在生活中，有太多女人习惯牺牲自己、成全别人，她们以为这是她们付出的最伟大的爱。她们更希望用这种"无私"的爱让我们爱的人爱我们，但我们往往会发现，这种一味付出的爱却经常得不到爱的回馈，相反，却让我们伤痕累累。所以，幸福的女人一定要有爱的能力和智慧。

第五，成为发光体的社交资本

我们往往容易被比我们优秀的人吸引，我们往往更喜欢大家抢着要的东西。所以，一个女人想要持续掌控幸福，就一定要持续发光，而且要持续让众人看见你的光芒。因为那样的你，才会始终吸引人，拥有让人始终爱你的魅力。因为爱的真相从来不是付出，而是吸引。所以，请你让自己成为持续的发光体。我知道这不容易，但一定有方法做到。

第六，让你更加自由的财富资本

财富无疑是一种能让你拥有自由、肆意洒脱的资本。对于女性来说，拥有财富资本就意味着拥有更多的选择权和自主权。财富不仅为你提供了一个安全的缓冲——当生活不可避免地遭遇波折时，你将有足够的资源来保护自己和家人，而且能够让你按照自己的意愿选择喜欢的生活方式——无论是自己创业还是环游世界。拥有财富资本，你将拥有对自己人生更大的掌控权。它赋予你力量，让你在面对人生的选择时不再受外界条件的限制，真正做到心中有梦，手中有力，去实现那些曾被认为遥不可及的梦想。

第七，助力你拥抱幸福的心力资本

心力资本，是指一个人内心的力量和能量，它来源于个人的精神世界、情感深度和心灵强度。对于女性而言，心力资本是拥抱幸福、克服困难、实现自我价值的重要支柱。拥有强大心力资本的女性，能够更好地面对生活的挑战，保持内心的平和与乐观，以及对美好生活的追求和珍惜。在拥抱幸福的道路上，心力资本是你宝贵的财富。它让你在面对生活的风雨时，能够始终拥有一颗坚韧的心。无论是个人的成长，还是与人的相处，心力资本都能为你提供无穷的动力，让你的生活充满爱与美好，也让你能最终拥抱属于你的那份幸福。

关于这些，我会在下面的章节一一给出答案，并为大家建立一个完整的幸福女人成长体系。因为在我近19年的女性教学与服务工作经验里，我帮助和见证了太多女人的成长和蜕变，其中也包括我自己。所以，如果你相信我的话，那么就请带着一种放松的心情，跟随我的文字去看见和遇见我们幸福的可能。

霏崆崆二三说：

① 女人的幸福和男人的幸福不一样，女人更注重感受，所以我们要忠于自己，才可能遇见幸福。

② 幸福是可以被创造和掌控的。

③ 幸福是感觉，这种感觉是能力和智慧的结果。

命运可以被改变吗

> 成功靠的不是惊鸿一瞥的豪情，而是持之以恒的努力。"命"是定数，"运"是变数。优秀的人之所以优秀，是因为他们永远有自我突破的勇气。

命运，一个充满神秘和预定论色彩的词。它既包含了我们无法选择的出生条件，也涉及我们生活中的种种可能。

很多人来上我的课之前，很想要改变自己，但又觉得"人的命，天注定"，再怎么改变，命运也是不可能被改变的。可殊不知，这种想法为他们的生活画出了一条无法逾越的界线，这条界线预设了他们的人生轨道，也限制了他们继续发展的可能。直到听了我讲关于命运的课程，他们才恍然大悟："哦！崆崆老师，原来'命'和'运'竟然是两码事。"

每次提到"命运"这个词，我都会想到一个女孩。

那是一个夏天的晚上，我在讲课的时候发现了一个可爱的女孩，这里暂且称她小梨涡。小梨涡是内蒙古人，但她却在辽宁长大，关于这一点，她毫不在意地解释道："我家孩子多，养不起，我就被送到大伯家了。"说到这的时候，小梨涡笑了笑，眼睛弯成了一对儿月牙。

她补充道："您刚才说的那句'命由天定，运由己生'，我特喜欢。"

古人有言："命由天定，运由己生。"这句话揭示了一个深刻的道理：尽管你无法选择自己的起点，但你完全有能力通过个人的努力来改变自己的命运。

"命"是天生的。我们每个人的起点都是由诸多先天因素决定的，比如我们的出生时间、地点，以及家庭。这些因素构成了我们命运的框架，塑造了我们早期的生活经历和成长环境。从这个意义上看，"命"的确是天生的，它为我们的人生旅程设定了一个初步的航向。

然而，将这些先天因素视为命运的全部，却是对人生潜力的一种误读。

虽然你无法改变这些先天条件，但"命"并不是决定一个人最终成就的唯一因素。命运还包括你在今后人生中的成长、学习和选择，而这些是可以通过你的努力来改变的。

看到这里，很多人就知道"运"是什么了。

没错，"运"就是一个人后天的努力。它代表了我们在生活中的行动、选择和努力。"运"是通过不断学习、成长和适应环境而形成的。每个人都有机会通过自己的行动来改善自己的生活条件，不管这些条件起初如何。

事实上，后天的努力往往更能决定一个人的生活质量和幸福指数。我见过很多能够证明这一点的人，比如，小梨涡——她现在是国内知名餐饮品牌的创始人，能做到这个地步，完全是因为她用后天的"运"改写了先天的"命"。

而这也是我接下来要说的"命运是可以改变的"。

你可以简单理解，把"命"看成是老天给你什么，不给你什么。比如，我们会在某年某月某日，何时何地遇见谁，这个我们无法把控；然而，在遇见这个人之后，要不要选择和他产生进一步的关系，要以什么样的方式同他交往，选择权和决定权就在我们自己手里了，而这部分你可以理解成我们能掌控的"运"。提升智慧、增长见识、提升能力，包括构建我们的朋友圈，都会成为影响我们"运"的主要因素。

"运由己生。"你的命运，最终还是要掌握在自己的手中。

不管是过去还是现在，我一直在跟大家强调，命运确实可以被改变。但改变命运也有一个重要的前提：这种改变不会自发地形成。

改变命运，需要有一个很强的能量来进行催化。这个能量是什么呢？就是你愿意持续努力的意志和决心。但仅有意志和决心还不够，你要行动起来，这是你改变命运的关键一步。

西班牙有一句谚语，"明天是一个星期中最忙的一天"。这句谚语非常有意思，因为很多人都会将"明天再做""有空再做"挂在嘴边。还没有成功的人，大部分都是缺乏行动力的人，或许你真的很有天赋，可殊不知"明天再做"其实跟"永远不做"并无什么分别。

很多抱怨命运的人，他的一生最大的问题就是：想得太多，做得太少。所以，想做什么就要立刻去完成，很多事情都是迈出第一步后，接下来便能水到渠成。

曾国藩科举七次后才进入仕途。到了晚年，曾国藩总结自己说：人的一生，就如同一个果子成熟的过程，不能着急，也不可懈怠。正如我经常说的："命虽天生，运却可变。你只需努力，把剩下的交给时间。"

霏崆崆二三说：

① 改变自己会痛苦，不改变自己会吃苦。

② "明天再做""有空再做"和"永远不做"是一样的。

③ 最快的成长方法，就是去做你害怕的事。

不可重来的一生，必须好好活一次

很多人的一生都在为两件事发愁：第一件事是得不到，第二件事是已失去。人生，原本就是一个不断得到，又不断失去的过程。

我曾经很多次在公开场合说过这句话："你的欲望在哪儿，你的痛苦就在哪儿。"

我们获得生命，却终将面对生命的终结；我们累积财富，却可能在某一刻失去它；我们孕育并抚养子女，最终必须放手，让他们走自己的路。

过于计较得失的人，内心难免会感到疲惫不堪。

而一个内心疲惫的人，又怎能全心全意地享受生活呢？

生活的本质，就在于其不可预测性。当你过分关注某件事时，往往难以得到你所追求的；相反，当你放下执着，那生活中的美好往往却能不期而至。因此，我一直强调幸福的关键就是"淡看得失，好好地过好当下的每一刻"。

每个人的人生都充满了起起落落，这一点无一例外。我曾为一位歌手做过形象顾问，这里暂且称她为 Moon。Moon 年少成名，收获了大批"粉丝"。但人红是非多，就在她最火的那段时间，谣言四起。那时的她患上了抑郁症，虽然她有无数爱她的"粉丝"，但她却整日郁郁寡欢，也正是那个时候，她的经纪人找到我，让我帮她做新唱片的造型定位。

第一次见到 Moon，她就是现实版的甜心公主的模样，打扮得无比甜美可爱，但在沟通的过程中，这个比我小了十几岁的歌手却总是小心翼翼，生怕自己说错了什么，便会成为人们攻击她的把柄。让人不觉有些心疼。

整个造型的过程，我只记得她不停地用手机翻看网络上关于她的评论，看着她一会儿有些开心一会儿又很难受失落的样子，我忍不住问了她一句："你喜欢自己现在的样子吗？"

她似乎没料到我会这么问，但还是摇了摇头。

"如果不喜欢，就大胆地做真实的自己，自有人喜欢你真实的样子；如果有些人不喜欢你，那又何必为了不喜欢你的人去改变自己呢。谁也没有办法保证自己被所有人喜欢。不是吗？"我看着她的眼睛，"你不需要讨好所有人，你只需做自己最喜欢的样子！"她仿佛被点醒一般，突然笑着说道："我想改造型……"

没想到，她把乖巧可爱的卷发剪成了酷炫的寸头，摇身一变，成了摇滚音乐创作人。那之后，关于她的新闻越来越少。后来，我再见到 Moon 是在一档综艺节目，她已经成了业内非常资深的摇滚乐创作老师了。当年的小心翼翼早已不见，如今的她神采奕奕，甚至还有了一丝"嚣张跋扈"的调皮，整个人洋溢着轻松自在的喜悦感。让我不禁感叹，做真实的自己真好。

心理学上有一个期望值理论：幸福 = 效用 ÷ 期望值。也就是说，你的期待越高，幸福反而越少。作家马德说过："我慢慢明白了为什么我不快乐，因为我总是期待一个结果。看一本书，期待它让我变得更深刻；跑一会儿步，期待它让我瘦下来；对别人好，期待被回待以好。这些预设的期待如果实现了，我长舒一口气，如果没有实现呢，就自怨自艾。"

生活中，我们总有太多的被期待和想证明。就像 Moon，有太多"粉丝"的期待，她按照"粉丝"期待的样子打扮、说话、唱歌，最终她成了"粉丝"期待的样子。为了证明我能满足你们的期待，不断努力，可那样的自己是真正自己喜欢的样子吗？即使目标达成，那样的自己会让自己真正幸福开心吗？

其实，真正的幸福，是享受每个做自己的当下。因为我们的人生无法重来，所以请一定记得为自己好好活一次。我们无须讨好任何人，也无须向任何人证明自己。我们只需要保证，我们是否在向自己喜欢的样子奔赴，在这个过程中，享受每个当下，无论顺或不顺，都值得庆祝。因为我们的每一刻，都在为自己好好活。

　　　　　　　　　　　　　　　　幸福资本

所谓的困难抑或是失败，不是我们痛苦的根源。害怕困难和失败才是真正痛苦的根源。

记住，没有谁的人生一帆风顺。面对困境，你不妨学会坦然接受，用最佳的心态去迎接挑战，并最终克服它。工作的挑战、家庭的责任、父母的老去，没有什么是不需要我们操心的。然而，这就是生活，与其苦恼，不如坦然接受。每个人都无法选择自己的出生环境，但我们可以选择自己的生活态度。

我们的一生无法重来，但我们可以选择以怎样的心态去面对每一天。在这一生中，记得要好好爱自己。当感到疲惫时，给自己一个休息的机会；当感到苦恼时，让自己早点儿休息，迎接美好的明天；当感到苦涩时，给生活添点儿甜。

人生就是一段漫长的旅程，风风雨雨中，每个人都在努力前行。

每一个你爱的日子，都会绽放绚丽的光彩。你需要做的是，始终朝自己喜欢的样子奔赴，持续成长，不辜负每个平凡的一天。

霏崆崆二三说：

① 时间是一条单行线，珍惜当下。

② 你无须讨好所有人，你只须做自己喜欢的样子。

③ 去爱你爱的人，去做你想做的事，去成为你想成为的自己，人生很短，不要留遗憾。

美丽

第二章

资

本

活出自己的美

> 活出自己的美，青春不是永恒的，美丽却可以永恒。每个人都在经历自己的故事，即使青春不再，但灵魂仍旧迷人。

如果你已经放弃自己，那么我无法帮你更多，但如果你对自己仍抱有期待，那么，你一定会庆幸你遇见了我。因为，我会让你遇见另一个你，一个漂亮迷人、优雅自信的你。不管是内在还是外在，女人都要做到漂亮。

正所谓"韶华易逝，容颜易老"。同样的一生，长得漂亮是运气，活得漂亮是本事。你身边那个越来越美的女人，永远比你看到的更加懂得内外兼修。

第一次遇见她，是在某水晶品牌举办的酒会上。那时，受邀前来的女士们都穿着各色礼服，或高雅，或性感，礼服与酒会的水晶元素交相辉映，令人炫目。可是，我第一眼就只注意到了她——一个穿着套裙，仅加了一些简单配饰的女孩，这里我们暂且称她为小米。

小米是国内知名的橱窗设计师，偶尔也会接一些酒会设计的项目。我很喜欢她的作品，于是走过去跟她攀谈。

小米一边拨弄手包上的一枚萤火虫胸针，一边说："崆崆老师，你可能不知道，我其实听过你的课。"

就当我以为她只是普通的客套时，小米又说道："当时，你正在讲如何打造黄金腰线，实不相瞒，我今天的穿搭就参考了你当时的课。"

我一时感动于她竟然并非寒暄，而是真的听过我的课，一时又感动于自己的课又切实帮到了一个女孩，而且这个女孩还是自己非常喜欢的设计师。

小米说道："你在课程里说，'你今天生命当中不可思议的缘分都是被你的样子吸引来的,这句话对我的影响和帮助太大了。那之后，我开始重新审视我生命当中的所有关系，我在自己的形象上找到了根源。当我改变了我的样子之后，发现好多奇妙的事情都在我生命里发生了。"

小米的话也让我回忆起当时的情景，那是关于女人的美丽课程，也是关于女性美学的情商课程。就好比人群中的小米一下子便吸引了我，对女人来说，美自然是不可或缺的。但是很多人会误认为"女人打扮漂亮是为了取悦男人"，其实，美更多是为了取悦自己。但是如果没有驾驭美的智慧和能力，也许你会被美丽反噬。

那么如何让美成为女人幸福的一大资本呢？

首先，你可以不漂亮，但一定要有品位

一提起美，很多人就会想到漂亮的脸蛋或是妖娆的身材，其实这些虽然与美有关，但关系却并不算大。我们通常把这种美称为皮相之美。一个真正美的女人，一定是有审美品位的，可以长得不漂亮，也无须拥有妖娆的身材，但是要善于捕捉和欣赏自己的美，懂得借助发型、妆容、服饰等放大自己的优点，让自己拥有独一无二的气质，做独一无二的自己。所以，美是幸福女人表达自己的最优美的方式之一；拥有较高品位的女人，从不会随波逐流。她们只做自己最喜欢的样子，从不盲目跟风。品位并不是需要时刻涂脂抹粉或者全副武装，而是拥有时刻做得体的自己的能力。可以轻松慵懒，也可以华丽精致，这不就是我们追求的率真而自由的幸福感觉吗？

其次，你的美必须要能帮助你吸引你想吸引的人和事

我们经常听到的一句话："始于颜值、忠于才华。"请问，如果一个人没有姣好的容貌，这个人让你第一眼就心生讨厌，你们之间还有进一步交流或者交往的机会吗？所以，请不要让你的形象拉低了你的才华和美好的水平。形象从来不是打扮给别人看的，形象是用来表达真实的自我的，通过它传达你的思想、传达你的喜好、传达你的梦想。请不要因形象而让全世界误解你！

所以，美从来不是为了取悦别人，而是为了做回自己。好好

　　　　　　　　　　　　　　　　　幸福资本

爱自己，欣赏自己，因为只有真正爱自己的时候，世界才会真正爱你。

霏崆崆二三说：

① 你可以不漂亮，但你一定要有品位。

② 女人这一生，唯有美这件事不能妥协。

③ 岁月是一场跌跌撞撞的旅行，哪怕遍体鳞伤也要活得漂亮。

美是多维度的

女性的美不只有身材和外貌，还有气质、气场、个性、风格、人设、言谈举止和一颦一笑。

我为可可小姐（化名）做妆造设计前，她还是一位不太出名的演员。一次，可可小姐以电影配角的身份参加电影发布会，可却被"粉丝"们吐槽像是"蹭红毯的网红"。可可小姐气得大哭，这才几经打听找到了我，让我帮她打一场漂亮的翻身仗。

可可小姐欲哭无泪地说道："崆崆老师，你可一定要帮我！现在连我的"粉丝"都在吐槽我，说我得罪了化妆师！"

我仔细观察了可可小姐，又看了她去参加电影发布会那次的照片，然后仔细为她分析问题出在了哪里。

首先，可可小姐自带清冷气质，可她并没有意识到这一点。她为了塑造幽默的人设，经常穿一些颜色鲜艳的衣服，两种气质碰撞在一起，就会给人一种很奇怪的感觉。

其次，可可小姐身材比例并不算完美，她的腿稍微短一些。可是在电影发布会上，可可小姐偏偏穿了一件裁剪到小腿肚的礼服，还配了一双中筒靴，更加放大了自己的劣势。

最后，可可小姐的妆容和发型中规中矩，虽然好看，但没有突出她的特点。其实，她的五官是非常立体的，但她却选择了一个会让人完全忽略这些特点的妆容，这样一来，可可小姐看上去格外"泯然众人矣"。

分析完问题后，我先为可可小姐做了适合她的妆发，又选择了看似休闲，却很能修饰身材曲线的衣服。我告诉可可小姐，尝试走一走清冷路线，如果非要塑造幽默的形象，也尽量展现出有点小迷糊的冷清风格。

可可小姐看着镜子里大变样的自己，觉得我的建议格外有说服力。在我的建议下，可可小姐果然打了个漂亮的翻身仗。现在，"粉丝"们都说可可小姐特别有气质。

美，远不止于皮相之美。它是多层次的，是从内而外展现的状态。

我一直强调，好看的女人与美的女人之间是有区别的。好看往往是指皮相之美，如五官精致、身材匀称。这种美容易被看见，也容易随着时间和环境的变化而变化。而真正的美，是由内而外的，它关乎一个人的外在与自己内心的和谐，以及她如何表达自己的独特性和个性。这种美不是追求时尚或模仿他人，而是忠于自己，展现真实的自我。

也就是说，如果把美分成四个层次，第一个层次就是皮相之美，也就是我们常说的好看。第二个层次，则是强调个人气质与风格之美。我们每个人都有自己独一无二的气质和风格，真正的美，能够反映出我们的气质、风格与个性。当一个女性试图模仿不适合自己的风格时，无论她有多好看、多漂亮，都可能无法展现出她真正的美丽。

那女性之美的第三个层次是什么呢？答案就是女性的美应该与她的形象、场合和身份相匹配，女性的美应当帮助自己达到社交目的，而不仅是为了好看或时尚。比如，一些女演员为了巩固自己的形象，会在穿着、妆造等方面刻意营造独属于这种形象的美。这种美比皮相美和气质美又深了一个层次，人们看到这样的女性，就会不由自主地联想到她所塑造的形象，这种形象也将帮助她们更游刃有余地实现自己想要的效果。

第四个层次的美，也就是高级的美，便是关乎女性内心满足的幸福美，这种美是与情感的圆满相连接的。这种美并不需要追求标新立异，也不需要所谓的气场，更不需要外在美。

杨绛先生说："一位女性应有的样子是十分的安静，九分的气质，八分的资产，七分的现实，三分的姿色，两分的糊涂，一分的自知之明。"我认为，这样的女性，其实就是具备了高度幸福美的女性。

作为女性，我们应该追求的美不仅是外在的光彩，更是内在的和谐与幸福。通过自我成长、自我认识和自我表达，每位女性都能找到属于自己的那份独特的美，从而实现真正的幸福。愿你拥有高级的幸福美，让自己的光辉悦己又迷人。

霏崆崆二三说：

① 美，从来不只有一种。

② 女人的美是多维度的、复合型的。

③ 从各个层面突破提升，才能成为更美的自己。

想拥有美，先找到属于你的美

这个世界上没有绝对完美的女性，只有在变美的道路上不断努力的女性。女性找到改变形象、强化魅力的秘诀，与行军打仗要找到合适的兵法一样重要。

我在做形象顾问时，不少造型师都会惊叹："崆崆老师，同样都是做造型，怎么你设计出来的造型气质就显得格外不同？"

面对这种赞美，我会欣然接受，然后再把我关于美学的心得传授给大家："因为我懂得一点关于美的'兵法'。"

记得第一次为玛德琳小姐（化名）做发型设计时，我先观察了玛德琳小姐的原有发型——露额，长直发盘发，随后又观察了玛德琳小姐的脸型——面部长与宽的比例约为 4:3，额头、颧骨、下颌线三条横轴，颧骨处最宽，且全脸外轮廓线条饱满流畅，是比较典型的椭圆脸。随后，我便着手为玛德琳小姐设计发型。

改造前　　　　改造后

玛德琳小姐发型改造前后对比

在发型方面，我通过加高颅顶增加了面部的纵向视觉，又用短发修饰了玛德琳小姐的额头和下颌线。造型设计完成后，玛德琳小姐的朋友不由得惊呼："崆崆老师，玛德琳小姐一直走大女主路线，其实理发店也会剪现在这样的发型，但实在没想到，这个发型会比之前的更符合玛德琳小姐！"

我笑了笑："玛德琳小姐脸型很标准，只是原有发型没有突出她的优势。"

大家点了点头，表示现在的造型果然效果很好。

玛德琳小姐看了造型后非常满意，随后，她问我："崆崆老

改造前　改造后　改造后

玛德琳小姐形象改造前后对比

师，我有个朋友，她其实蛮有气质的，但颧骨比较高，你能不能帮她也做一下形象设计？"

我点点头："当然可以，其实每一种脸型都有适合自己的发型；每一款发型也要与本人的脸型、气质适配，才能突显魅力。颧骨突出应该属于菱形脸，这样的脸型很有立体感，很突显气质和魅力。"

玛德琳小姐改变形象后，在朋友圈里掀起了一阵小风潮，大家称玛德琳小姐终于找到了适合自己的造型。

可见，若要真正拥有美，你就需要深入研究自我形象的"兵法"。

我们都知道，兵法是行军打仗必备的基础，而形象管理方面的"兵法"，则是让你通过策略变得更美的法门。

通过精心打造和管理自己的形象，你可以吸引与你"同频共振"的人，也可以令自己更加愉悦满足，从而让自己的人生更加幸福圆满。

在这个过程中，"形象情商"发挥着至关重要的作用。不同的形象设计会吸引不同的人群，从而使人有不同的命运轨迹。经营自己的方法不同，就会吸引不同的人群。也就是说，想要通过美学"兵法"实现幸福人生，你首先要清楚自己想要什么样的人生。

你渴望拥有怎样的伴侣？

你想要从事什么样的职业？

你想要过什么样的生活？

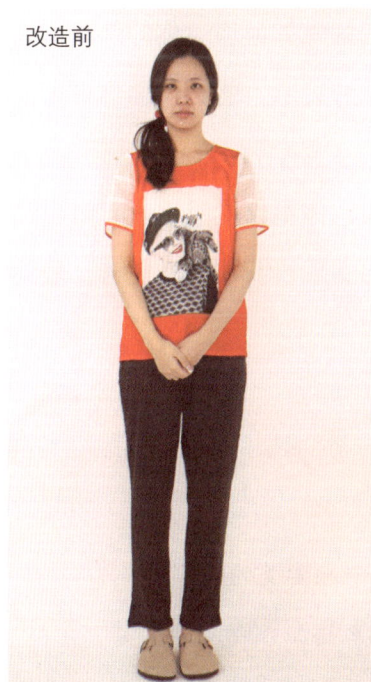

改造前　改造后

玛德琳小姐形象改造前后对比

如果你活在电视剧里，以你现在的形象和情商，会有什么样的结局？

在确定这些内容后，你就要通过努力寻找到适合自己的形象，最大化地突出你的美丽。我在美学指导课上指导过无数女孩，她们都通过学习，或改变、或强化了自己，这种形象上的提升，也让她们更加自信迷人。

不过，遗憾的是，很多女性在形象上的投资虽然很大，但她们往往仅限于追求外在的形象，却忽视了打造形象对人生方向和人际关系的深远影响。

真正的美学"兵法"要求你不仅要关注外表的打磨，更要深入挖掘内在的价值和特质，以及这些特质如何通过你的外在形象得以表达和传递。这种对内外一致性的追求，能够帮助你更精准地定位自己，从而实现真正的幸福美。

通过精心打造和管理自己的形象，你不仅能吸引真正对自己有益的人和机会，还能在这个过程中实现自我成长和完善，最终走向一个更加美好和幸福的未来。

霏崆崆二三说：

① 每个人都可以变得美丽动人。

② 美丽不分年龄，只要你有一颗爱美的心。

③ 保持美丽，才能为自己的幸福加分。

由内而外，打造无法抗拒的吸引力

> 女性吸引力的提升，并不是简单的一朝一夕就能做到的，它是一种外表和气质的综合体。它要求女性不仅拥有美丽的外在，还拥有魅力的灵魂。

在一次授课时，曾有一位客户的女儿向我求助，这里暂且称她为洛洛姑娘。洛洛姑娘有些焦虑地说道："崆崆老师，说句自恋的话，我觉得自己长得挺不错，身材也算可以，但为什么我的气场却没有那么强呢？"

洛洛姑娘叹了口气，跟我讲述了她的遭遇。

有一次，一个男生看到洛洛姑娘舍友发的朋友圈，朋友圈是洛洛姑娘过生日时自拍的照片。当时，舍友直接取用了这张，并配文：祝可爱的洛洛姑娘生日快乐。男生一见洛洛姑娘的照片就被深深地吸引住了，他再三央求洛洛姑娘的舍友，请她帮忙撮合

改造前　改造后

洛洛姑娘形象改造前后对比

自己和洛洛姑娘见面。舍友询问过洛洛姑娘的意见后，便将洛洛姑娘的微信推给了他。

两个人加了微信后，越聊越投机。视频通话的时候，男生也不止一次夸过洛洛姑娘漂亮可爱。渐渐地，洛洛姑娘也对男生产生了好感，双方约在暑假见面。

但是，令洛洛姑娘没想到的是，男生见到洛洛姑娘之后虽然没说什么，但满眼都是失望。他还不止一次地暗示洛洛姑娘的照片比本人好看，这让洛洛姑娘非常生气。回去以后，洛洛姑娘就删掉了这个男生的微信，而这个男生，也没有再把洛洛姑娘加回来的意思。

后来，类似这样的事情又发生了一次，洛洛姑娘十分苦恼，这才来向我求助。洛洛姑娘向我求助的时候，她的朋友一直在旁边提醒她不要物化自己，自己开心最重要，但我却能理解洛洛姑娘的心情。毕竟，打造令人无法抗拒的形象，拥有吸引力，使自己闪耀夺目，是许多女孩的憧憬。

有些女孩并不在意外貌，但她们一样自信迷人，可这样的女孩毕竟是极少数，大部分女孩还是很希望自己能够既漂亮又迷人。就算不为所谓的气场，也为了能让自己照镜子时感到赏心悦目。

于是，我仔细观察了这位女孩。她五官精致，自拍的照片非常漂亮。不过，她的身材虽然偏瘦，但穿衣风格却没有突出自己的优势，反而放大了自己的劣势。

为了印证自己的观点，我先用课上的内容对洛洛姑娘进行了测试，结果如我预测的一般，洛洛姑娘的头部比例偏长，腿部比例偏短。

在穿着方面，她经常穿浅色的平底鞋和中腰裤，有时还会戴一顶时下很流行的平顶帽。这些搭配放大了洛洛姑娘身材的劣势，也弱化了她精致五官带来的魅力。于是，我推荐她尝试用高腰裤和深色厚底松糕鞋来修饰腿部长度，然后摘掉宽檐平顶帽，并尝试非横向卷发来缩短头部比例。

等下次上课时，洛洛姑娘欣喜地来找我。说实话，我虽然预料到洛洛姑娘会变得非常迷人，但我没想到，这次的搭配效果竟然这么好。经过改造后，洛洛姑娘变得格外有魅力。相信如果当时那位男生能有幸再次见到洛洛姑娘，一定会后悔不及。

玛丽莲·梦露曾说："人性魅力是一种能使人开颜、消怒、悦人和迷人的品质。"可见，对女孩来说，内外俱美才能打造一种令人难以抗拒的吸引力。

从古至今，人们对美的感受都是复杂多样的。

这种感受可能从初见时的喜欢，逐渐转变为熟悉后的平淡；平淡之后，又会因为新的发现而欣喜万分，再一次被深深吸引。

女性呈现出的这种吸引力，不仅是关于外貌的吸引，更涉及一个人的气质、品位，以及那种难以言喻的魅力。

从表面上看，一些女性会因为她们姣好的容颜而被称赞漂亮，尤其是在网络时代，不少"网络红人"凭借外在出色的五官和身材吸引了大量的关注。这种基于外貌的美，统称为"皮相之美"。"皮相之美"可能会为女性带来短暂的机会，但如果缺乏持续驾驭这些机会的内在能力，反而会登高跌重，得不偿失。

从深层次看，我们会发现"气质之美"才是让女性格外引人注目的秘密。气质，作为个人内在修养和气质风格的外在表达，能够让人感到舒适，产生亲近感。有许多女演员都属于这类极具吸引力的气质型美人，她们的气质能让人觉得美好、平和且亲切。这样的女人不需要高调地展示自己，就能在举手投足之间让人感受到自己的美。

从核心来看，更高级的美应是"魅力之美"。相比气质型美人，拥有"魅力之美"的女性更平添了一份个性和自信，她们能安静地做自己，深切地爱自己，展现出一种内在的光芒和影响力。所以，这类女性的美能够超越时代。

可见，极具吸引力的女性之美，永远都是由内而外的。漂亮的皮相固然重要，但独特的品位、优雅的气质和所散发出的魅力，却能赋予女性令人无法抗拒的吸引力。

这样的美，能够为女性带来真正的幸福。因为它是基于自我认同和自我爱护的，只有懂得爱自己，懂得投资自己的女性，才能吸引到与自己相匹配的人和机遇。愿我们都能成为内外俱美的幸福女人。

霏崆崆二三说：

① 超越简单意义上的漂亮，才能更具有吸引力。

② 当美丽的皮相遇到优雅的灵魂时，一切就开始不一样了。

③ 有吸引力的女人，总会给人一种愉悦感。

逆龄变美的奥秘

18 岁漂亮，是因为青春年少，微风正好；40 岁漂亮，是因为风有约，花不误，年年岁岁不相负。

我曾经为一位成熟的女性提供过美学指导，这里称她为 R 女士。

R 女士年逾 40，她开始对年龄产生焦虑，最终在 42 岁时向我寻求帮助，希望我能让她更有少女感。

初见面时，R 女士穿了一条牛仔裤配浅咖色针织衫，她并未化妆，整个人显得十分疲惫。单看穿搭，R 女士显然是颇有考量的，毕竟对于一位年逾 40 的女性来说，牛仔裤、针织衫这样的搭配总是不会出错的。然而，R 女士的穿搭没有配上合适的妆容，反而暴露了她的真实年龄。

我问道："R 女士，你知道某品牌的卫衣吗？"

改造前　　　改造后　　　改造后

R女士形象改造前后对比

R女士点了点头表示肯定："这个牌子的衣服以白色为主，对标的受众是崇尚极简风格的群体。"

再一次见面是在某品牌发布会上，R女士穿着一件米色大衣搭配碎花长裙，一双白色的小皮靴让R女士看起来格外具有活力。再看她的妆容，妥帖的底妆搭配时下流行的车厘子红的口红，显得整个人气色红润，阳光自信。

我们笑着打了招呼，R女士的状态看起来轻松了很多，即便没有复杂的妆造，R女士也显得朝气蓬勃，让人完全看不出她的年龄。R女士笑着告诉我，越来越多的人夸赞她气色好，她也在大家的夸赞中越来越自信。可见，在美学范畴内，这种穿搭是值得成熟女性学习的。

第一条，拥有拥抱岁月，不畏衰老的心态

这并不是一句空话，心态的确决定了我们对生活的态度，对衰老的看法更是如此。害怕变老的心理，实际上加速了衰老的脚步。相反，拥抱自然的生命进程，正视而非抗拒衰老，能让我们更加优雅地老去。保持一颗年轻活泼的心，对未来充满梦想和期待，这些正能量会从内而外散发出来，让眼睛里闪烁着希望的光芒，皮肤也会因此变得更加有光泽。

第二条，保持不断探索的好奇心

逆龄变美的第二秘诀，在于永远保持对生活的好奇心，永远具备自我挑战的勇气。许多人都会因为年龄的增长而变得得过且过，然而，真正让我们保持青春的，却是那份勇于尝试新事物、对未知充满好奇的心态。这样的心态不仅能让生活变得更加丰富多彩，也能让我们从外表到内心都保持年轻。

第三条，维持良好的体态与健康

健康的身体是逆龄美丽的重要基石。健康不仅在于合理的饮食、运动和休息，更源自一个积极向上、充满能量的内心。当我们的身体足够健康，内心足够强大时，外表的美丽自然会随之而来。逆龄变美，其实就是一种从内到外的自我提升。

第四条，懂得自我投资，持续成长

自我投资和个人的持续成长是逆龄变美的核心。自我投资不仅在于护肤、妆造，还在于精神层面的成长与技能、知识的提升，这些都能让我们在不同的年龄阶段展现出不同的魅力。当我们的

内在充满力量时，外在的年龄变化就不会成为负担。这意味着我们需要有自己的舞台，无论是工作、兴趣还是社交，只要能有机会实现自身的价值，我们就有面对衰老的勇气。

其实，那些真正让我们羡慕的，并不是通过医美手段留住青春的人，而是那些状态看上去如少女一般，性情乐观开朗，率真可爱的人。可见，逆龄变美的奥秘不仅在于皮相的年轻，更在于女性直面衰老的良好心态。对于女性来说，年轻固然值得欢喜，但年长也并不意味着人生失去意义。希望每一位女性都能无惧成长，因为岁月很好，而你值得。

霏崆崆二三说：

① 时间或许会带走年轻与天真，但气质会让你依然美丽。

② 世界上最不亏本的投资，就是投资自己的美丽。

美的五个层次，让你更接近幸福

> 一千个痛苦的人，或许会有一千个痛苦的理由；但不管幸福的人有多少个，幸福只会有一种理由。

生活中，常常有人说："这个女孩太漂亮，想必不会幸福。"为什么？女孩漂亮固然好，但如果不懂得善用这份美丽，就会成为人们攻击和讽刺的对象。所以，不少漂亮姑娘都会抱怨："真希望自己没那么漂亮。"

从人生角度看，女孩的幸福更多是靠其他层面的东西来维系的。

阿雅女士（化名）是我初任形象美学协会会长时认识的女性，彼时，她是一名普通的电台主持人。驱车与她相见前，司机师傅颇为武断地说道："在电台工作的女孩，都是声音好听，长相一般。而且，声音越好听的女孩，长得就越难看。"对于司机师傅的话，我们一行人只是礼貌性地笑了笑，谁都没有放在心上。可见到阿雅女士的那一刻，我们一行人以及司机师傅都眼前一亮。

那天，阿雅女士穿着奶白色的无袖羊毛衫，配了一条裁剪得体的米色长裙，脚上穿了一双跟高三厘米左右的银灰色高跟鞋，浅栗色的卷发在颅顶简单地绾了个髻，耳上的珍珠衬得她很温婉。

"你们好，崆峒老师您好，欢迎来到香港。"阿雅女士甜糯的声音令人如沐春风，也让同行的一位男士只顾看着阿雅女士发呆，久久说不出话来。

下午茶时，一位朋友笑着跟阿雅女士说了司机师傅关于"电台没有美女主持人"的言论，阿雅女士情绪上并没有什么波澜，她只是端着手里的一小杯咖啡，温柔地笑。几天相处下来，大家都对阿雅女士的印象极好。

同行的助理开心地说道："崆峒老师，我感觉阿雅女士最难得的，就是她很漂亮却没有攻击性。当然，长相具有攻击性的女孩也很美，不过，我还是喜欢有亲和力的女孩。"

诚如助理所说，阿雅女士温柔如水，让人很难将目光从她身上移开。她具备的，就是一种高级的幸福美。

在追求幸福的路上，高级美不仅是外表的美丽，更是内在气质的美丽。美丽的层次不同，其背后隐藏着的魅力自然也不尽相同。根据高级美的特点，我将其划分成五个层次，以此更好地展示高级美的魅力。

第一层，柔美

柔美属于温良的表象，它代表了一个女性温婉、柔和的一面。在传统文化中，"温良恭俭让"一直是女性美的体现。这种柔美的背后是温文尔雅，是女性独有的善良和温柔。女性在处理人际关系时，能够展现出令人感动的温和与温润，这种美好也能让她们成为人际交往中的佼佼者。

第二层，甜美

甜美属于善良的本质，它不仅指外貌上的可爱或者迷人，更指心灵上的善良和纯净。一个甜美的女性不会轻易发火，不屑抱怨也不愿计较，她们的甜美是从内心中流露出来的，所以能够让人感到真正的舒适和愉悦。

第三层，静美

静美体现的是内心的平和，它代表了女性的平静内心世界。这是一种干净、纯洁的美。这种美来自内心的平和与满足，不贪婪、不嫉妒，能够享受当前的生活状态，不被外界的纷扰所动摇，这种美好能够轻易让人驻足，令人赞叹。

第四层，雅美

雅美是谦逊的力量，它是人们对美的一种高层次的追求。雅美不仅体现在外在的修养上，更体现在时时刻刻的心灵修行上。拥有雅美特质的女性对人恭敬宽和，对自己的要求却十分严格。她们在生活中处处秉持谦逊与自律，这让她们在任何环境下都能保持自己的独特魅力。

第五层，魅美

魅美是独立自信的展现，也是女性美丽的最高境界。它不仅表现为外在的吸引力，更是内在品质的集中体现。一个魅力四射的女性，时刻懂得热爱自己，热爱生活，她的美是独立和自信的体现，因此，她的每一个动作、每一句话都充满了力量和自信。

高级美的背后是五德："温""良""恭""俭""让"，这也是每个追求高级美的女性应该具备的品质。同时，若想达到五德的境界，就要摒弃"贪""嗔""痴""满""疑"这五毒，如此才能让自己的美丽更加纯净且持久。

享受让自己的美丽从内而外散发的状态，不仅能让自己无限接近幸福，也能为别人播撒这种幸福。

愿我们都能成为拥有高级美的女人，都能幸福的道路上不断向上跃迁。

霏崆崆二三说：

① 女性可以不性感，也可以不妖媚，但一定要有气质。

② 美丽和事业同样重要，聪明的女人，懂得把美丽当作事业来经营。

③ 女性有很多方法来保持美丽，但高级美却能让你保持幸福。

由美入道，拥抱幸福

美是一种循环往复的过程，女性的内在美通常体现在举手投足间，这种"相由心生"的美是获得幸福生活的关键。

我与仁花女士（化名）的初次相遇非常有戏剧性。

当时，我在一个栏目中担任首席形象顾问，仁花女士是那个栏目的工作人员。那天，仁花女士负责接待我，恍惚间，我还以为她是一位演员。

只见仁花女士身穿黑色长裙，发型是烫了两个卷的长发，在一众工作人员中显得格外耀眼。节目的工作人员告诉我，仁花女士刚加入这个团队时，跟大家相处得并不融洽，因为大家都穿着方便活动的运动服，背着方便放东西的双肩包，只有仁花女士穿得像是来度假的，这让不少同事对她颇有微词。

可是，仁花女士永远一副笑眯眯的样子，似乎根本看不到同事们不满的眼光。而且，她的工作能力很强，长得又让人觉得说不出的舒服。久而久之，大家都适应了仁花女士的"奇装异服"，只有如我一般，与仁花女士初见面的人才会稍觉讶异。

仁花女士手脚麻利地帮我拿箱子，我赶忙拒绝，想要自己来提，仁花女士却笑道："崆崆老师，您别看我穿得很淑女，但我是很有力气的！"那一瞬间，仁花女士给我的感受只有两个字——阳光。

仁花女士有一双大眼睛。她的眼睛虽然大，但黑瞳部分占的比例却很小。正常情况下，拥有这样一双眼睛的人，总会给人一种在瞪眼睛的错觉，所以，大部分拥有这种眼睛的人，会让别人觉得不好接近。或许是她的性格太过纯真和煦，因此，她的眼睛像弯月一般，给人一种很值得信赖的感觉。

"相由心生"，这是我在仁花女士身上感受最深的一个词。即便她很努力地把自己打扮得令人难以接近，但因为她内心就是纯洁善良的，所以人们只要稍稍与她接触，就会发现她温柔、温暖的魅力。

很多人问我："崆崆老师，美学指导究竟是指导什么？"

如果我让大家各抒己见，那么无数个答案就会浮出水面："指导化妆""指导发型""指导穿搭""指导怎么变美"。

其实，这些答案都包含在美学指导中，但并不是美学指导的全部内容。因为美学指导不只教女性如何打造美丽的外表，更重要的是引导每一位女性通过自我探索，发现步入幸福生活的方式。

在我看来，美丽的真谛，便是相由心生。

美，始于外表，终于心灵。我国的传统文化中早就有"相由心生"一词，它意味着外在的美丽终将反映内心的状态。

当我们开始关注内心，开始爱上自己，那么外在的美丽就会自然而然地流露出来，并与世界产生美好的共鸣。

在美学指导的过程中，我不仅教授大家如何变得更美，更多的是引导个体思考自身的价值和意义。

很多人生活在他人的评价与期待中，忘记了自我探索和自我实现的重要性。其实生活的本质，不在于满足他人的期望，而在于寻找自我，实现自我，最终达到自我内心的平和与满足。而这些，才是让大家通往幸福生活的根本。

对我来说，美学指导的终极目标就是"由美入道，实现幸福"。简单来说，通过美的实践，就是帮助大家找到通往幸福生活的道路。这个过程不仅是通过提升外在形象来增强自信，更是通过内在修养与自我提升，实现个人价值，拥抱真正的幸福。当我们开始真正了解自己，清楚地知道自己想要什么，即便是在生命的最后阶段，也能留下一个无悔的人生。

美学不是一门空洞的学问，而是紧密贴合每个人实际生活的一门学科。通过美学的指导，我不仅能教会大家如何变得更加美丽，更重要的是，我能让大家学会如何通过美的力量赋能我们的亲密关系、圈层社交、事业破局等，并最终实现幸福的生活。

美，不仅是一种外在的表现，更是一种生活的态度，一种生命的力量。通过对美的追求与实践，我们逐步走进心灵的深处，探索自我，最终成就幸福而美满的人生。希望每位女性都能做到由美入道，成为一位真正幸福的女人。

霏崆崆二三说：

① 女人的容貌和心态，是她不可或缺的资本。

② 女人一生最幸福的事莫过于心灵的自如。

③ 快乐看心情，幸福看心态。

第三章

情绪

资本

真正的强大不是对抗，而是允许和接纳

> 所谓允许，就是允许自己做自己，也允许别人做别人。不强迫为难别人，也不强迫为难自己。不在别人心中修行自己，亦不在自己心中强求别人。

有位学员，她是电视台的编导。在没外人的时候，她称我为峻老师，我则称她为糯糯女士。在我指导她的这些年中，她不仅在穿搭上提升很大，重要的是，她整个人的情绪模式和气质都变了。更神奇的是，之前宣布不婚的她，就在前段时间步入了婚姻的殿堂，成功地从"女汉子"转型成幸福的小女人模样。

糯糯女士让我印象最深的就是，她一直都表现得非常真实且得体。喜怒哀乐，她从不隐藏自己的感受，但也绝不给他人造成困扰。

糯糯女士对我笑了笑，说道："我才不要忍着，但我也不能真的跟嘉宾和同事翻脸，所以只能等我把怒火发出来才好继续讨论。"她活得通透，从不委屈自己，说的话也能给人带来启发。我时常觉得，如果她不做电视台编导，去做个心理医生也很不错。

人生中大部分的失控情绪，都源于计划的失控。当你对某件事，或某个人寄予了过高的期望，却没有得到与之匹配的结果时；当你做足了计划和准备，却功亏一篑时，那种落差足以让人愤怒和崩溃。

面对这些失控的事，大部分人的第一反应是愤怒。但糯糯女士的第一反应却是接受现实，稳定情绪，然后迅速让自己调整过来。

比如，嘉宾和工作人员出现问题时，她不会发火，也不会忍让，她只会说："好，我知道了，但我现在真的很生气，所以等我两分钟咱们再讨论。"随后，糯糯女士会"消失"两分钟，等她回来的时候，已经可以冷静地同大家讨论补救方案了。

台里有不少人好奇，糯糯女士是怎么在两分钟内疏解负面情绪的。面对这个问题，糯糯女士神秘地告诉大家："你们知道《蜡笔小新》吗？里面有个角色——妮妮的妈妈，她会准备一只兔子玩偶，生气的时候就去卫生间捶兔子。"

"什么？你不会也……"大部分人都下意识地看向她的小手袋。这时，糯糯女士就会哈哈大笑："当然不是，我只是跟崆老师学了一些接纳情绪的办法，仅此而已。"

因为糯糯女士，她们电视台很多人都来向我咨询控制情绪的办法。其实，我控制情绪的办法非常简单，那就是——学会允许和接纳自己的情绪。

正如我们的五官、四肢是属于自己的，能够归自己调配一样，人们的情绪也同样能够被掌控。但掌控的第一步，就是要放弃对抗，转而接纳情绪。

愤怒是所有情绪中最具有攻击性的。

从对外攻击看，愤怒表现为强烈的攻击性、破坏性，有时还会伴随肢体冲突和理智失控；从对内攻击看，愤怒则表现为自我伤害。也就是说，如果让愤怒爆发，既伤害别人，也影响自己；如果忍耐愤怒，那对自身健康更是百害而无一利。

所以，我给糯糯女士推荐了"换位探索法"，来控制自己即将爆发的情绪。

"当你生气的时候，第一步，你可以尝试从你自己的角色里快速抽离，换位到对方的立场和情绪里。第二步，角色互换，问自己他为什么会这么说、这么做？"

我把这个称为"解嗔毒的程序系统"。其实，很多时候，生气的真相是我只站在了自己的立场和角度感受自己的感受，如果我们能快速从自己的角色里抽离出来，去探索对方为什么会这样，你就能瞬间从愤怒中抽离出来，冷静地分析事情的真相，并且能快速感受到对方的情绪。其实处理矛盾冲突，最好的方法就是换位思考，感同身受。

在这个纷繁复杂的世界里，我们每个人都在为寻找幸福而努

　　　　　　　　　　　　　　　　　　　幸福资本

力奋斗。幸福，这个看似简单却又异常复杂的概念，一直是人类探索的终极目标。但是，真正的强大，并不是来自你对抗外界的能力，而是来自你允许和接纳生活中的一切。

因为生活总是充满了不确定性。有时候，你认为自己就是生活的主人，结果却发现生活往往不会按照你的意愿发展。这种不确定性，会让你时常感到失控和无力。而允许和接纳，就意味着你要学会面对生活中的不如意，学会接受事情可能不会按照你的愿望发展。

在这个过程中，你将学会放下对结果的执着，也将学会在变化中寻找自己内心的平静。只有当你不再试图掌控一切，不再对抗生活的起伏，才能找到真正的自我，体验到生命的自由和宁静。

我很喜欢一句话，"世间万物，荣枯自有其道理，不必有分别心"。好的、坏的、快乐的、难过的、喜悦的、愤怒的……只要我们能学会允许和接纳，就能不断向内寻求力量。这是一种智慧的选择，也是一种对生活深刻理解后的豁达态度。

允许一切发生，听起来简单，实则需要极大的勇气和智慧。它意味着在遭遇挫折和失望时，你能不逃避、不抱怨、不自责，勇敢面对，从容接受。这种力量来源于对生命的深刻理解和尊重，即便它偶尔会让你痛苦，但它无疑也是宝贵的。

除了接纳情绪外，你需要的还有接纳自我。接纳自我，就意味着你已经认识到自己的价值并不是由外界评价所决定的，而是源自你内心的认同和接纳。于是，你将不再强求那些曾经令你痛苦的事情，也将学会更好地爱自己。

真正的强大，来自我们对生活的允许和接纳，也来自我们内心的平和与喜悦。

也许你们会好奇，你不是专业做美学指导的吗，为什么还做起情绪疗愈了呢？

因为要想真正改变一个人的形象，就必须要从他的内心世界着手，去了解他气质和审美形成的背后原因，光靠化妆造型、穿衣搭配其实是远远不够的。我们都知道一个人内在世界的信念系统就是你的形象定位和气质审美形成的原因；信念又会影响情绪和行为。所以，整个美学指导的过程，其实是与内心对话的过程，处理好内心，情绪、气质、审美就会随之发生改变；视觉层次的造型、服装是最后一步的呈现了。我有一门线下课就是拆解内心情绪模式：破除念力上"贪嗔痴慢疑"这五毒，就会出现"温良恭俭让"这五德，从而拥有"柔甜净雅魅"这五美。

愿我们能一起由美入道，收获幸福！

霏崆崆二三说：

① "允许"是一种比"对抗"更强大的力量。

② 向内自洽才能向外生长。

③ 从接纳中寻求突破。

关于焦虑，你要知道的

> 焦虑最本质的原因在于，你想要的和你拥有的无法匹配。只要付诸行动，或者减少需求，就可以有效改善你的焦虑。

很多人问我："崆崆老师，看你每次上课都是笑盈盈的，你没有焦虑过吗？"

我每次都笑着回答："会虑，但不会焦。"

我跟栗子女士（化名）初相识时，是在很多年前我应某知名企业之邀，为员工进行的一堂妆造课上。当时，栗子女士用手机录下了全部课程，下课后还跟我要走了课件准备回家学习。

下课后，我匆匆赶往另一座城市，也没有多在意这件事。可没想到两天之后，我在与我的同行好友的课堂上又见到了栗子女士。我们打了招呼，便聊了起来。

我问她："你一下报名这么多课能够吸收吗？"她颇不好意思地向我坦白："崆崆老师，其实当时我因为焦虑，线上和线下都报了很多课，我就觉得我要赶紧多学点儿，我是一个闲下来就会发疯的人。"

随即，我忍不住继续问道："停下来你会焦虑吗？"

栗子女士点了点头："实不相瞒，自从我升职，我就没有一天不焦虑。"我也点了点头。

我经常跟学员们分享《人民日报》的一段话："不要提前焦虑，也不要预知烦恼，生活就是见招拆招，日落归山海，山海藏深意，回头看看你已经不知不觉挺过了很多磨难，练出了一边崩溃一边自愈的你。"

在这个快节奏的社会中，焦虑仿佛成了我们生活的常客。它无声无息地潜入我们的内心，让我们在还未迈出第一步时就已经感到疲惫不堪。

但实际上，大部分时候，我们所担忧的那些事情最终都未曾发生。这便是焦虑的虚幻性——我们往往是在与自己的假想敌作战。

而要阻断焦虑，其实也不用全凭意志力。只要做到如下三点，相信就能极大缓解你的焦虑。

第一，提前行动，避免提前焦虑

生活中，人们的许多焦虑都来源于对未知的恐惧。比如，有人在第一次坐飞机的时候会感到紧张，这种不安全感其实就是对飞行流程的未知与不了解。解决这个问题的方法也很简单，那就是提前准备。只要通过网络搜索、询问有经验的朋友或直接向机场工作人员咨询，就可以有效缓解焦虑。也就是说，在面对一件让你感到焦虑的事情时，你需要主动采取行动，而非被动等待。

第二，学会宣泄负面情绪

长期积压的焦虑情绪，会对人们的身心健康造成严重影响。因此，找到合适的方式将这些负面情绪释放出来是非常必要的。当然了，这种宣泄并非摔砸物品这种简单粗暴的方式，而是让你通过亲近大自然、进行身体锻炼、养宠物或者玩游戏来缓解焦虑。因为这些活动都能在一定程度上帮助人们减轻心理压力，让人们的内心得到片刻的宁静和愉悦。但是你需要记得，如果你眼下有一个必须完成的任务，那你一定要在把它做好后再进行上述活动，否则会因为拖延而变得更加焦虑。

第三，只要能接受最坏的结果

在一件事开始前，你只要能够接受最坏的结果，就不会被焦虑困扰了。比如，在做这个项目时，最坏的结果就是没有年终奖，但这个结果你完全可以接受，那么你在做这个项目的时候就会相对轻松。这时，任何超出预期的成果都将变成惊喜。这种心态可以帮助你在经历挫折和失败时保持平和，因为你已经为最坏的情况做好了准备。

保持乐观是克服焦虑的有力武器。乐观并不意味着忽视现实中的困难和挑战，而是在面对困境时依然能够保持积极向上的心态，相信未来会更好。

在面对生活的低谷时，你需要认识到，焦虑本身不能解决任何问题，它只会消耗你的时间和精力。只有通过行动来减少未知带来的恐惧，有效发泄负面情绪，勇敢地面对可能存在的最坏结果，你才能战胜焦虑。

每个人的内心都有一片属于自己的宁静之地，学会管理自己的情绪，那片宁静之地便会越来越大，直至充满整个心灵。而当你度过了人生的低谷，迎接你的必将是更加灿烂的曙光。

霏崆崆二三说：

① 焦虑是主观形成的，但好在主观认知可以改变它。

② 阻断焦虑就是找到目标和意义。

③ 与其原地焦虑，不如行动起来。

别在自卑中越陷越深

当你忙碌起来，就没有时间自卑；当你有足够的能力时，就不会再感到自卑。

《自卑与超越》中说，每个人都会在不同程度上感到自卑，这源自我们对自我价值的不断追求和对更美好生活的向往。

自卑就像一把锁，将你的潜能与真我紧紧锁住，让你在表达自己时畏缩不前。自卑也如幽灵一般萦绕心头，将你的自信与勇气一点点侵蚀。

来找我做美学指导的大多是女性。所以，他给我留下了比较深的印象，这里暂且称他为布先生。

布先生是一个不太喜欢出镜的人，美学指导结束后，一个学员笑着说，想拍一张"全家福"，布先生快速躲到了最角落的位置。一个女孩把他拉到了最前面，布先生连连摆手："别，别，我这么高，别挡着后面的人。"

"对，男生往后站，你们几个小女孩站我旁边。"我笑着招呼道。布先生向我投来感激的目光。拍完照后，大家各自回家，布先生等到大家走得差不多了，才走过来对我说道："崆崆老师，多亏你帮我解围，我是真不喜欢拍照。我这'大饼脸'，脸上还长了不少痘，简直'污染镜头'。"

布先生身材高大，温和幽默，事业有成，只是头部比例稍稍大一些，脸上又因为熬夜加班冒了几颗痘。但不管怎么说，布先生的形象也跟"污染镜头"毫不沾边。

我摇了摇头，说道："别这么说自己，这个世界上不存在完美的人。何况你的形象很好，只要按照我刚才讲的稍微设计一下发型，穿搭方面再注意一些就可以了，没必要这么自卑。"

布先生张了张嘴，欲言又止，还是说道："崆崆老师，实不相瞒，我家外形基因好，整个家族就出了我这么一个'基因突变'的……总之，我从小就知道自己长得不好看，所以一拍照就想躲。"

我知道，外貌一定是布先生的心结，长期的比较也让他的内心变得敏感自卑，所以不敢在镜头前展现自己。而且，当朋友聊到如何变美的话题时，这种自卑会更强烈，它就像一根勒住脖子的绳索，让布先生感到窒息。

于是，我给布先生推荐了我的另一堂课。所幸，这堂课对布先生起了作用。这里，我把关于悦纳自我，跳出自卑的内容也分享给大家，希望能够帮助每一个在自卑中挣扎的人。

第一，停止不断地比较

自卑源于不断地比较。人们习惯将自己的短板与他人的长处做比较，这种比较无疑是不公平的。每个人都有自己的优势和劣势，重要的是如何看待和接受这一点。《被讨厌的勇气》中提醒我们："答案不是从别人那里得到的，而是自己亲自找出来的。"当我们停止与他人比较，转而专注于自己的内在成长时，自卑自然会减少。只要能打破这种无形的枷锁，释放出内心的自我，生活就会更加自由和充满活力。

第二，寻找并放大自己的优势

每个人都是独一无二的，每个人都有自己的闪光点。我们不妨想想《阿甘正传》的主人公阿甘，他虽然先天条件不佳，但他找到了自己的优势并将其发挥到极致，成就了不凡的一生。生活中，每个人其实都是阿甘，需要发掘自己的潜力和优势，将其充分展现出来，化自卑为自信，这是人生的必修课。

第三，接纳自己的不完美

每个人都有不完美的地方，这是人之常态。接受自己的不完美，意味着接受真实的自我。罗翔曾说："我们要接受自己的有限性。"只有当我们开始接纳自己的不完美时，才能真正释放自己，活出最真实的自我。

自信来源于能力的提升和自我价值的实现。通过不断学习新知识、新技能和挑战自我，我们能够增强自我效能感，进而增强自信心。这对每个曾经深陷自卑的人来说，不仅是获得他人的认可，更重要的是自我价值的提升。

毕淑敏曾经写过一段话，让我印象很深："一棵古老的树，大约有五千年的历史，已被唐朝的地震弯折了腰，半匍匐着，依然不倒，享受着人们尊敬的注视……我竭力想从小草身上找出低眉顺眼的谦卑，最后以失望告终……在庄严的大树身旁，一棵微不足道的小草都可以毫不自惭形秽地生活着，何况我们万物灵长的人类。"人之所以感到自卑，是因为目所能及的都是别人的优势，但树有树的高大，草有草的坚韧，花有花的娇嫩，谁说世界上只有树才算好呢？

亲爱的，自卑不是一种罪恶，而是一种心理状态，它提醒我们还有很多可以进步和提升的空间。要知道，每个人都有自己的价值和闪光点，关键在于我们如何发现并展现它们。只要接纳自己的不完美，提升自己的优势，就能走出自卑，让自己拥抱更加明媚的未来。

霏崆崆二三说：

① 追求优越感是人的本能。

② 自卑，只是无法接纳不完美的自己。

③ 超越自卑，向善向上，方能同自己和解。

把你的情绪变得有价值

永远不要在自己所看重的事情上，投入不切实际的期待，附加不着边际的价值，因为有限的人与事物，永远无法承载我们无限的期待。

在"多巴胺配色"流行起来前，我就在穿搭方面提出类似建议。当时，有些女孩觉得在夏季穿黑白色系的服装过于素雅简单，但为免显得俗气又不敢搭配太多颜色，于是向我寻求夏季穿搭建议。

当时，我给一部分走清新风格的女孩推荐了马卡龙色系，给另一部分张扬个性的女孩推荐了荧光色系。

在穿搭方面，鲜艳色系不但更符合热情的夏天主题，而且能为自己带来较高的情绪价值。因为视觉是人们五感中相当直观和敏锐的感官，鲜艳的颜色能够刺激大脑神经，促进多巴胺的分泌，继而产生愉悦和快乐的情绪。

刘润曾说："所有的焦虑，都来自求而不得。求，就是理想；得，就是现实。求，就是目标；得，就是结果。求而不得，就是理想与现实之间、目标与结果之间的落差。"在这个快速变化的时代，我们每天都在经历着情绪波动。在这些情绪中，有些是有价值的，有些是无价值甚至有害的。我们要做的，就是识别自己的情绪，并尽量让情绪变得有价值。

在这个多彩的世界里，情绪如同一把双刃剑。它可以是推动我们向前的力量，也可以是阻碍我们前进的枷锁。当我们能够调节自己的情绪，使之保持在一个合理的域值范围内，我们就能更好地掌控自己的生活，让每一次情绪的波动都成为推动自己前进的力量。

从情绪价值传递的方面看，情绪的价值不仅体现在自我管理上，更体现在它如何影响他人。在人际交往中，我们每天都在无意中交换着情绪价值。如何在这一过程中给予他人正向的情绪价值，成为提升个人魅力和人际关系的关键？通过共情、稳定、温柔以及尊重，我们可以在人际关系中建立更加健康和谐的交流环境，让每一次的情绪交流都成为一次心灵的触碰。

很多人问我："崆崆老师，你的情绪为什么永远那么稳定？"

答案很简单："因为我从来不把情绪当作我的发泄工具或方式。我只把情绪当作我的武器。如果发火、生气、郁闷不会助推事情的正向发展，那么我就会把这种无益的负面导向情绪系统立马关闭。因为我要做情绪的主人，我要控制它，而不是被它控制。与情绪的博弈其实很好玩！"

在社会飞速发展的今天，人们逐渐开始重视精神的滋养和内心的平静。通过探索自己喜欢的事物，发现生活中的快乐源泉，成为让情绪变得有价值的另一种方式。

当你的情绪脱离合理的阈值范围，并产生偏差时，你就要立刻采取行动纠正。成为一位情绪价值高昂的人，便是将自己的情绪维持在一条恒定而平衡的轨迹上。

除了给自己情绪价值外，我们也要学会将情绪价值赋予他人。因为如何在一段关系里提升我们的情绪价值，也是一门人生必修课。

共情力：当他人陷于情绪低谷时，你的耐心就如同一束温暖的光。

稳定力：当对方情绪激动时，你的平和就如同一个遮风避雨的港湾。

温柔力：温柔是每个人的天赋，适时展露能让彼此的关系更加和谐。

尊重性：尊重和信任是成熟关系的基石，平等沟通则能让彼此更加舒心。

亲密度：频繁的心灵交流，是情感价值得以实现的最佳见证。

人生中，每一段情绪都是心灵的私语，每一种状态都是内心的映射。只有当一个人能够妥善管理自己的情绪时，他才能真正地掌控自己的人生。成为一个情绪价值高的人，不仅是为了自己的心灵之旅，也是为了能在这个复杂的世界中，成为他人生命中的一束温暖之光。

我曾将安徒生的一句话分享给正处于失落阶段的朋友："仅仅活着是不够的，还需要有阳光、自由和一点儿花的芬芳。"一个人只有在情绪健康和心态健全的基础上，才能真正地拥抱阳光和希望，才能享受自由和生活中的美好。

希望那个能够拥抱阳光和希望的人是你，亦是我。

霏崆崆二三说：

① 控制情绪，做情绪的主人，让情绪为我们产生正向价值，而不是被它控制。

② 所谓情绪价值，就是给自己和他人都带来美好的感受。

③ 爱出者爱返，福往者福来。

钝感力+屏蔽力=人生无敌

所谓豁达，就是不过分关注外界的评价，不被别人的情绪所左右，不被自己的情绪牵着走。

阿卜姑娘（化名），一个如春天般明媚的人。

阿卜姑娘是一名少数民族女孩。虽然她看起来温婉优雅，但实际上她的钝感力极强。

一次很重要的活动前，我跟她的造型师在两套风格完全不同的时装之间犹豫不决。这两套时装都是某品牌的最新款，一套裁剪得体、素雅干练，另一套热情奔放，十分性感。

举棋不定时，阿卜姑娘随便抓起一件："就这件吧，之前有人说我装清纯，这回咱就来个火辣的。"说完，她狡黠地笑了。

阿卜姑娘的造型师尴尬地笑了笑，然后悄悄对我说道："咱们阿卜姑娘是真的心宽，就好像那帮人说的不是她，是其他的人。"行业里不少人都会过度解读别人的言行举止，阿卜姑娘算是一股清流了。

于是，我也笑道："这样的性格多好，钝感力和屏蔽力可是很多人都不具备的能力。在相对复杂的环境里，活得通透是本事。"

阿卜姑娘边换衣服边大声说道："我可听见了啊，你们又在夸我。"

有时候，我真的很羡慕阿卜姑娘。她的生活简单、自然、快乐、真实。她不敏感，所以能在别人散发恶意时不为所动。在阿卜姑娘的世界里，她就是人生无敌。

在这个信息爆炸的时代，人们常常感到焦虑和不安。面对生活中的种种挑战，每个人都需要一种力量来维护自己的心理健康和情绪平衡，就像阿卜姑娘一样，这也是钝感力和屏蔽力的重要所在。

幸运的是，钝感力和屏蔽力并不纯靠天赋。通过有意识的努力，敏感者也一样能培养钝感力和屏蔽力。我曾指导过这类课程，并通过长期实践获得了一些经验，在这里分享给大家。

在学习之前，我们要先了解什么是钝感力，什么是屏蔽力。

所谓钝感力，是指个体对外界刺激和情绪波动的不敏感性，它能够让人保持一定的情绪距离，不轻易被外界的喧嚣和繁杂所影响。如果将情绪比作一座城堡，那么钝感力就是情绪的护城河。具备了钝感力的人，在面对生活中的挑战和困难时，通常能够保持冷静和理性，不被一时的挫折打倒。

钝感力的重要性在于，它能够帮助我们在复杂多变的社会环境中，维持一颗平静的心。无论是工作中的困难，还是人际关系的纷争，甚至是自我价值的怀疑，拥有钝感力的人都能够用一种更为客观和宽容的视角来看待，从而找到更合适的解决方案。

所谓屏蔽力，则是在信息泛滥的时代中对外界信息进行有效筛选的能力。它让我们有能力区分哪些信息是有价值的，哪些信息是需要被屏蔽的。在这个过程中，屏蔽力帮助我们避免了信息过载所带来的焦虑和压力，让我们可以更加专注于对自己真正重要的事物。

在提升屏蔽力的过程中，我们需要学会哪些信息对我们的成长和发展是有益的，哪些信息可能是有害的。这种筛选不仅是对信息的过滤，更是一种生活态度的体现，它能使我们在繁杂的世界中保持自我，不被外界的纷扰所动摇。

提高钝感力和屏蔽力，最重要的一点就是要学会放下。放下对外界评价的过度关注，相信自己的内心，坚定自己的信念。若想学会放下，保持一颗平和的心态是非常重要的，因为只有这样我们才不会被外界的情绪所左右，才能学会冷静地分析和处理问题。而要保持一颗平和的心，就要懂得及时排解负面情绪，不让它们长时间占据我们的心理空间。

在生活中，我们可以通过有意识地冥想、深呼吸等方式来训练自己的心态，同时学会在生活中主动寻找正能量的源泉，比如与拥有正面思维的人为伍，阅读有价值的书籍，参加有益身心的活动等，这些都是提升钝感力和屏蔽力的有效途径。

人生路上，我们会遇到各种各样的事，但只要我们拥有了钝感力和屏蔽力这两把钥匙，就能够轻松应对，勇往直前。

相信通过不断的努力和实践，我们都能够拥有一段精彩的人生旅程。

霏崆崆二三说：

① 具备钝感力和屏蔽力是一种天赋。

② 当你"钝"一点儿，幸福就会多一点儿。

③ 不必太敏感，人生都不过是一场旅行。

幸福资本

第四章

事业

资本

"我养你"是这个时代最危险的毒药

成熟的标志，是学会微笑，学会独立，学会从一段不值得的感情中抽身而去。人生和命运很奇妙，让你独立的可能是一段意味深长的话，也可能是一个离你而去的人。

我有一位很感性的友人，这里暂且称她为小巴姑娘。

小巴姑娘曾经很喜欢《喜剧之王》这部电影。尤其是关于"我养你"的那段对白，小巴姑娘看一次哭一次。

小巴姑娘说："这样的感情真让人羡慕。"

我一边给她的晚礼服搭配项链，一边说道："你要真把自己的一辈子放到男人身上，那可真是浪费了你的能力和才华。"

小巴姑娘吐了吐舌头："在我家乡，女孩都是不用上班的。"

我摇晃着手里的项链："这可不行，你忘了苏女士？"

苏女士算是小巴姑娘的师娘，当年，她也是年轻貌美，才华横溢。可是，苏女士的事业才刚起步，她就把大部分精力都放在了小巴姑娘的老师身上。

"你放心，如果你一辈子不工作，我就养你一辈子。"小巴姑娘的老师浓情蜜意，诚挚热烈，一下子攻破了苏女士的心。苏女士那双漂亮的眼睛满含泪水，幸福地嫁给了他。

结婚头几年，苏女士和老公琴瑟和鸣，过了一段相当甜蜜的生活，可随着小巴姑娘的老师事业的攀升，二人之间共同话题越来越少，差距越来越明显。渐渐地，小巴姑娘的老师出门应酬不再带着苏女士，苏女士也变得越来越焦虑敏感，争吵成了二人相处的常态。

苏女士自觉付出太多，不愿意抽身离去，直到四十多岁，才被迫跟小巴姑娘的老师离了婚。

小巴姑娘至今仍叫苏女士"师娘"，每次去看望苏女士，她都忍不住唏嘘一番。

小巴姑娘幽幽地叹了口气，说道："崆峒老师，你说得对。我差点儿掉进了'我养你'的陷阱。"

虽说时代不同了，但还有很多人会跟小巴姑娘和苏女士一样被"我养你"感动。可是，"我养你"这句话听起来似乎充满了爱意和承诺，让人心生温暖。然而，随着时间的推移，这句话的真实含义和后果却逐渐显露出它残酷的另一面——它成为现代社会中最危险的毒药之一。

为什么？因为这句话很容易让人产生自卑与依赖。在爱情的初期，"我养你"就像是一罐甜蜜的糖，让人沉醉于被爱的幻想之中。然而，随着时间的推移，这句话却成了爱情天平的砝码，让两个人的关系越来越不对等，为后面的爱情生活埋下隐患。

"全职主妇"或"全职主夫"的身份，会让一个人在经济方面完全依赖于另一个人，而这种依赖很容易转化为一种内在的自卑感和外在的控制欲。

在这种模式下，"我养你"开始变成一种潜在的威胁：当一个人失去了经济独立和自我价值的实现途径，他很容易成为另一方施加控制和操纵的对象。这种关系的不对等不仅会损害经济弱势一方的自尊，也会让经济强势的一方感到不平衡，最终引发矛盾和冲突。

真正成熟的爱情，是基于相互尊重和理解的，它承认并欣赏双方的独立性。在这种关系中，或许会存在"我养你"的短期现象，但这种现象却不是一方对另一方的经济支配，而是双方基于爱和信任建立的共同生活的安排。

注意，这种安排不是固定不变的，而是可以根据双方的需要和情况进行调整的。这时，双方形成了一种势均力敌的态势，在经济上相互依赖，在情感上彼此共存。这种依赖和共存，基于对彼此价值和能力的认可，而不是单方面地给予和接受。在这种关系中，每个人都有自己的空间和自由，都可以追求个人的成长和发展，同时也为对方提供支持和鼓励。

这便是我常说的："你可以温柔天真，可以骄傲强势，可以乖巧懂事，可以撒娇任性。但好的爱情，从大方面看，双方永远是势均力敌的。"

有些人会问："峣峣老师，要怎么做才能避免'我养你'从蜜糖变成毒药的情况呢？"

答案很简单："最重要的是，保持个人的独立性。"

独立是每个人都应该具备的能力，对女性朋友来说，独立尤其重要。这种独立不仅是经济上的，更是心理上的。正如每个人都应该有自己的事业一般，每个人也都应当有自己的兴趣、爱好和追求，并且有能力进行独立思考并作出决定。即使身处一段亲密关系中，也不应该完全依赖对方。保持自己的个性和自主性，就能避免落入"我养你"的陷阱。

爱情是风花雪月，婚姻却是柴米油盐。愿你在任何时候，都有把握自己幸福的能力。

霏峣峣二三说：

① 最好的状态，是不属于任何人。

② 山高路远，只看自己；若无共鸣，离去即安。

③ 不要因为爱对方，就降低自己的要求。

浑浑噩噩的30岁，需要勇气和决心

对女性来说，30岁不仅是一个年龄的标记，更是心灵成长和自我认知的重要时刻。当你站在人生的十字路口时，需要一种勇气和决心，来找到真正的自我。

对女性来说，30岁好像成了一个约定俗成的"分水岭"。

年岁渐长，容颜渐衰，角色转换……似乎只要翻过了这座分水岭，生活中的所有机会便都会悄悄退场。但事实真是的如此吗？未必。

莫泊桑在《人生》中写道："生活不可能像你想象的那么好，但也不会像你想象的那么糟。"在这个世界上，唯一不变的东西就是变化。所以，姑娘们，停止抱怨，向上而生，这才是最好的人生破局之道。

阿宝女士（化名）并不是土生土长的上海人，但她说话的腔调使她像极了一个祖祖辈辈都生活在此地的女性。我与她相识于深圳，彼时，我正在为一家五星级酒店制订培训流程，那家酒店的老板是她的好友。流程制订结束后，阿宝女士便盛情邀请我去上海。

　　"崆崆老师，侬也来指导指导我的铺子嘛。"阿宝女士软糯的口音十分亲和，仿佛她跟我并不是初相见，而是多年老友一般。我欣然应允前往，才发现阿宝女士口中的铺子竟然是一家规模相当大的连锁珠宝行。

　　阿宝女士见我露出惊讶的表情，有些得意地笑了。她告诉我，这里是她珠宝行的总店，她还有十几家规模更大的分店在上海各处，我只需要培训分店长派来学习的营销经理，再由他们各自培训员工即可。

　　随后，阿宝女士向我介绍了她的珠宝行。这时，我才知道阿宝女士并非土生土长的上海人，她是江西人，高中毕业便出来打工。最初，她跟着师傅学翡翠打磨切割，一来二去便了解了翡翠行业。后来的十年间，她师傅的店铺逐渐从一个路边小铺做到了二层的翡翠专卖店。可是，她师傅仍然只给阿宝女士三千元的月薪。

　　阿宝女士有眼光，有技术，师傅店里所有赚钱的生意和原石都是靠阿宝女士"拿下"的。十年里，阿宝女士不是没想过自己单干，但师傅总是以各种理由阻止她。直到有一天，阿宝女士的母亲生病了，她第一次跟师傅请假。谁知，师傅却以现在是公司做大做强的关键时机为由，拒绝了阿宝女士。

师傅的态度让阿宝女士很失望。终于，在30岁时，阿宝女士做了一个大胆的决定——自己单干。

这件事情说起来简单，但是真正做起来，这一路的历程又怎么是几句话能说清的？

阿宝女士介绍完她的店铺，笑着对我说道："崆崆老师，当时我就觉得，我不能再这么浑浑噩噩下去了。离开师傅的店后，我用了六年就做到了现在的规模。如果我没有抽身而退的勇气，可能我现在还是翡翠店的一个工人，每个月拿三千元的工资，连请一天假都被不允许……"阿宝女士说到此时戛然而止，显然不愿意再回顾曾经的日子。

作家刘同说："抱怨身处黑暗，不如提灯前行。"

人生的旅途中，人们总会携带一些不必要的负担，而这些负担往往会阻碍我们前进的步伐。犹豫着，犹豫着，一不小心，人就到了30岁。

但是，亲爱的，当你犹豫不前时，不妨审视一下自己的过往。30岁并不是生命的倒计时，与过去的你相比，此时的你已经逐渐摆脱了束缚，拥有了更强的能力和更高眼界，你逐渐开始明白，如何在人生的旅途中更加坚定和自信地前行。

　　　　　　　　　　　　　　　　　幸福资本

只要你愿意摆脱浑浑噩噩的过去，那么于你而言，30 岁，不是结束，而是一个崭新的开始。

那么，有人会问："崆崆老师，我已经具备了一定的能力，也具备了破局的勇气，我还需要做些什么才能改变现状呢？"

我的答案很简单，只要你按照下面两个方面做，就有获得新生的可能。

第一，不内耗，但要多一点儿行动力

内耗是很多人无法前进的原因。过多的纠结和焦虑只会让你原地踏步，而行动是解决问题的唯一方式。改变从行动开始，设立小目标，培养微习惯，让自己在完成中获得成就感，同时也是在向自我证明——你比自己想象的更强大。不内耗，多一点儿行动力，你的每一步才会更加坚实有力。

第二，不盲从，学会断舍离

很多女性朋友都会因为焦虑而盲从，但盲从反而更容易出错，有时候，放下那个消耗你的人或事真的很重要。学会断舍离，不仅是对物品的选择，更是对人生态度的一种调整。你需要勇敢地放弃那些不再服务于你生活目标的东西，无论是物质上的，还是情感上的。只有勇敢地放下，你才能轻装上阵，以更加放松的心态迎接生活中的每一个新开始

生活不仅是一场马拉松，也是一场修炼。

在人生这段旅途中，我们遇到的每一个人，每一件事，都会

在某种程度上帮助我们成长，让我们变得更加细腻和成熟。所以，不要惧怕年龄，因为 30 岁的你，远比 20 岁的你能更游刃有余地面对生活的挑战。

希望每个人都能找到属于自己的幸福和成功之道，即便年逾30，我们仍然有抓住幸福的能力。

霏崆崆二三说：

① 成长带给女性增长的年岁，也带给女性丰富的阅历。

② 容易疲惫，很多时候是因为精神内耗。

③ 生活变好的标志，常常是从不焦虑开始的。

女人的本事，比什么都重要

> 人生有顺境也有逆境，输什么也不能输了心情；人生有进有退，输什么也不要输掉自己。做一个有本事的女人，比什么都重要。

一位久未联系的学员给我发微信："崆崆老师，能不能给我喂点'鸡汤'，我最近有些累，需要'鸡汤'补一下。让我长点儿本事就行！"

女企业家李亦非曾经说："一个女人实现财富自由一共就三种方式：一是继承，二是出嫁，三是自我奋斗。"这句话看似武断，但仔细想想，还是有一定道理的。虽然大部分女性朋友都知道，选第三种方式是最靠谱的，但实际操作起来，大家又不知道该向着哪方面努力。

如果让我提建议，那么我的答案是——如果你没有一个明确的方向，那么，你往哪个方向努力都不会吃亏。就比如说赚钱这方面，女性朋友一定要有赚的决心，然后再去思考赚钱的方式。毕竟，你只有确定了方向，并且有了意愿，才有继续深耕的动力。

我一直告诉女性朋友："靠男人吃饭其实是另一种辛苦，一点儿也不比努力工作简单。所以，自食其力发展事业，其实是世界给予女人最大的机会。"而且，你必须有自食其力的意愿，因为只有这样，我接下来说的话对你才有意义。

我要跟大家分享的第一个观点就是，所有有本事的女人，都至少有一项过人之处。就拿20世纪30年代的女性葛丽泰·嘉宝来说吧，当时，嘉宝正处于经济大萧条时代，那个时代小偷横行，可小偷却从未光顾过嘉宝的住所。为什么呢？因为他们都流传着一句话，叫作"敬佩嘉宝"。这种敬佩不仅是敬佩嘉宝的美貌，更是敬佩嘉宝独一无二的演技和票房号召力。当你在某个领域成为不可替代的存在时，你就掌握了最大的话语权。

这项过人之处可能是你的专业技能，可能是你的沟通能力，可能是你解决问题的速度，也可能是擅长投资和经营自己。

真正的优秀，并不意味着你必须改变世界，而是在你的领域内，你能做得比别人更好，即使你所擅长的是一些看似简单的事情。

除了过硬的技能，有本事的女性更懂得控制自己的情绪。在职场或是创业的道路上，没有人会因为你是女性就对你有所偏袒。你的价值来自你能出色地完成工作。因此，学会管理自己的情绪，不仅是对自己负责，也是对他人和你的团队负责。

还有一点也是我经常对女性朋友们强调的，那就是"能吃苦"。有本事的女性大多吃得了苦。不论是心理上的苦还是身体上的苦，她们能够承受并且克服。

我的一位大学同学，是保险行业的高层管理者。在我面前，她从来都是笑嘻嘻的，反倒是一些经济状况不如她的女孩，经常向我抱怨自己遇到了很多难处：男友人品不好、孩子不听话、父母难搞、上司有问题……而我的这位大学同学，她身处一个资金紧张、市场竞争激烈的环境下，在我面前却总是云淡风轻："问题不大，搞得定！放心啊，搞妥请你吃大餐哦！"

我认识的不少女性朋友都是如此，她们尽管面临无数挑战，但总能以积极的态度面对，保持着对生活的热爱和对工作的执着。也正是这样的心态和毅力，能让她们在大浪淘沙之后脱颖而出，最终收获自己想要的东西。

此外，拥有姣好的容颜和身材也是一种本事。在外表上让自己看起来好一点儿，其实是增强自信的一种方式。赏心悦目的外表不仅能给人留下良好的第一印象，还能在某种程度上影响着你的成功。要知道，这不是表面的虚荣，而是对自己的一种尊重。

对女性朋友来说，最好的状态不是吃喝不愁，而是随心自主。有本事不仅代表着独立，还意味着自由。无论是实现个人梦想，还是探索这个广阔的世界，财富都能为有本事的女人提供更多的可能性。

愿每一位女性都能找到为之努力的方向，并且朝着这个方向努力深耕，最终成为一个有本事的女人。也请大家记住，我们的价值不在于别人的评价，而在于我们对自己的认可，以及对目标的不懈追求。

霏崆崆二三说：

① 如果你不努力，未来的你还是曾经的你，只是逐渐老去。

② 人生就像掌纹，尽管错综复杂，却始终尽在掌中。

③ 努力和幸运总是相伴而行。

所有的做不到，都是因为不够想要

> 无论你的目标是什么，真正重要的都是那份对目标的热爱和追求。不要担心自己现在还没有找到那份热爱，给自己一点儿时间，探索和发现自己真正感兴趣的事物。

我很喜欢《平凡的世界》里的一句话："你总不枉在这世上活了一场。"多少个夜晚，我都因为这句话不能安寐，然后披衣下床继续钻研。如今，我虽然没有大富大贵，也没有成为万众瞩目的人，但我的确过上了自己想要的生活。所以，我想跟大家探讨一下关于寻找内在驱动力的必要性，也希望这些内容能帮到每一个渴望实现梦想的人。

寻找内在驱动力，这是我们每个人都可能面临的一个课题，特别是在我们追求梦想和目标的时候。事实上，很多表面看上去无法完成的事情的背后，都是我们的内在驱动力不足。

在某次课程开始之前，我照例和学员们先聊几句。其中一位学员分享了她的经历：只有将家中整理得井井有条，她才能心无旁骛地沉浸在阅读和瑜伽练习中。

她苦笑道："可是，崆峒老师，每次大扫除后，我都感到筋疲力尽，只想休息。我意识到这可能本末倒置了，但我还是控制不住自己，每次都要大扫除一番然后直接休息。"

我温和地说道："确实，这个习惯似乎很难改变，但其实背后的原因却很简单：那就是缺乏足够的动力或是内心的渴望不够强烈。也就是说，或许你并不想阅读或练习瑜伽，而大扫除太累恰好给了你一个说服自己的理由。"

她沉思了片刻，然后释然："你说得对，我只是觉得，自己应该读书或做瑜伽。虽然应该这么做，但我其实并不想做。"

我给她和其他学员们举了个例子。

这是你们的学姐思思（化名），在没遇到我之前她没有给自己买超过15件衣服，从来没用过洗面奶，她人生的前40年，都是在"人间地狱"中度过的。令人遗憾的是，思思受到的伤害，是所有来自身边最亲、最爱的人伤害的集合，而这些，也让她患上了重度抑郁症和双相情感障碍症。

曾几何时，思思觉得自己一辈子也就这样了，直到她用手机上网时，遇到了我。她听了我的线上课，随后，她决定要为自己精彩、璀璨地活。于是，她开始爬楼梯锻炼身体，刚开始只能爬一楼，后来两楼、三楼、四楼……一个月30天，她一天都没有

　　　　　　　　　　　　　　　　　　　幸福资本

落下。

等到她适应当前的运动强度后，便决定出去跑步，跑了两三个月，她参加了西安国际马拉松比赛，并跑完了全程。半年里，她瘦了50斤。

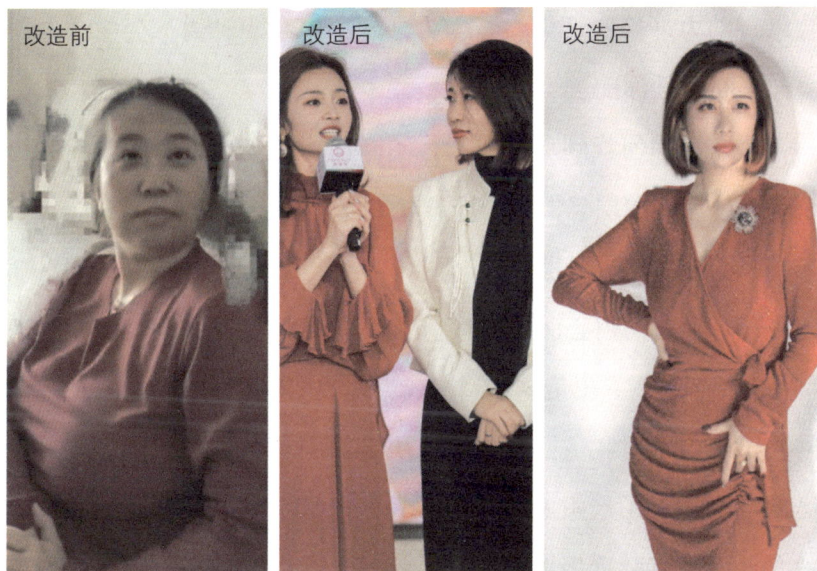

思思形象改造前后对比

看来，"我想要"真是世上最强大的催化剂。

想要减肥，就必须放弃那些舒适的烧烤啤酒时光；想要身材匀称，就得每天汗流浃背地锻炼；想要享受高品质的咖啡，就要耐心地研磨每一粒咖啡豆；想要获得含金量高的专业证书，就需要牺牲你的休闲时间，利用每一分每一秒学习。

只有当你足够渴望，你才会真心投入到梦想中；只有足够的渴望，你才能全身心地投入，不留任何借口地全力以赴；只有足够的渴望，你才能将挑战视为享受。

我有一位通过配音改变命运的朋友曾这样描述她的经历：无论是白天、夜晚，排队时、等人时，还是在上下班的路上……只要有一丝空闲，她就会练习配音。当一个人真心想要改变时，她会以行动力冲破一切借口。因为强烈的内在驱动力，会像推进器一样不断激励你前进。

那么，如何找到那份驱动你不断前行的内在动力呢？我的建议是，从你的深层恐惧和生命意义出发。

我们先看深层恐惧。

在每个人的内心深处，都存在着一些恐惧：害怕死亡、疾病、贫穷等。有时候，正是这些恐惧成为你改变现状的催化剂。比如，阿桦（化名）对我透露，她老公决定减肥是因为意识到肥胖对自己的健康构成了严重威胁，当时，他目睹了一位体型同他差不多的友人因为肥胖罹患了很严重的疾病。友人的遭遇让阿桦的老公开始恐惧，他立刻开始运动。平日里阿桦威逼利诱都无法敦促老公减肥，但从她老公开始担心自己的身体那刻起，不用阿桦多说什么，他就已经全力以赴了。

我们再看生命意义。

正如《人类群星闪耀时》所述，人生中最大的幸运莫过于在生命的旅途中发现自己的使命。曾经，我对那些讨论人生意义和使命的话题颇有微词，觉得它们过于虚无缥缈。然而，随着时间的推移，我开始意识到，探寻生命意义真的是一个很好的内在驱动力。这不仅是关于如何实现个人价值的问题，更关乎一个人更高层次的精神需求。不过，找到生命中热爱的事物可能并不容易，但只要你愿意投入时间、金钱和精力，就一定能找到你愿意为之奋斗终生的东西。

我希望每位女性都能在生活中找到那份热情和渴望，无论是通过面对内心的恐惧，还是寻找生命的意义。只有当你内心真正想要，你才会找到前进的力量。

愿我们都能追求那份属于自己的热爱，让生活不仅是过日子，更是充满意义和热情的旅程。

霏峥峥二三说：

① 一切借口，不过是你为拖延和懒惰找的理由。

② 哪有那么多未来等着你，你有的只有现在。

③ 充沛的精力加上顽强的决心，曾经创造了许多奇迹。

职场中，女性具有的独特竞争优势

女性在职场中普遍更加细致认真，且更注重培养团队关系和客户关系。经过分析，女性的创业方面的成功率也高于男性。

作为一位女性美学专家，我深信在职场这盘棋局中，女性拥有的优势超出了许多人的预期。这不仅源于女性的感性特质，还源于女性拥有的独特能力。

在传统观念中，感性很可能被视作弱点，但在现代职场中，这恰恰成为女性的优势。大多数女性天生拥有更高的情商和同理心，这使我们在处理人际关系和团队协作时更加得心应手。比如，在面对客户或是团队成员时，女性的温柔和理解能力能够让对方放下戒备，从而更容易建立信任关系。

此外，女性往往更擅长倾听和沟通，这是女性的另一大优势。

在职场沟通中，通常直接阐述事实和理论并不是最有效的方法。女性更擅长用倾听的方式来建立亲切感，并用沟通的方式来打动人心，让对方不仅能理解我们的目的，还能在情感方面与我们产生共鸣。在商务谈判、产品推广、团队激励等方面，女性往往能取得更好的效果。

奕心姑娘（化名）在职场上是出了名的好人缘。当时，我在为大家进行商业培训指导。在上课之前，不少员工便纷纷张罗给奕心姑娘留个好位置。最初我有些纳闷，难道这位奕心姑娘是高管不成？可是，高管的课程明明在第二天下午。就在我内心充满疑惑时，奕心姑娘来了。

她跟大家穿着一样的制服，长相也不算突出，可她一进来，就有不少人向她招手。最后，奕心姑娘坐在了离我最近的位置上，随后笑着感谢了帮她留位置的人。

没想到这位姑娘竟然有这么大的人格魅力，我忽然就对她产生了好奇。要知道，奕心姑娘的这个职务并不太适合女生做，可是我看过她的绩效，竟然比同级别甚至高级别的男士还要高。

课后，我忍不住跟她聊了起来。奕心姑娘的同伴说道："我们奕心姑娘，人好，性格也好，那些大客户都指名要跟她对接。其实，奕心姑娘更受女客户的青睐。"

面对同事的夸赞，奕心姑娘有些不好意思："其实我也没做什么，只是做了一些小事罢了。"

同伴继续夸道："那是因为你用心，就像上次某车行负责人来洽谈会议，只有你记得她喜欢吃乳酪蛋糕，她当时很开心。还有之前给客户准备的礼品，也是你提议送的羊毛围巾，没想到围巾刚送出去就开始降温。"

奕心姑娘越听越不好意思，但是其他同事也纷纷附和，称奕心姑娘细心大方，还经常在工作方面帮助、提点大家。看着这家公司的员工们一团和气的样子，我当即便在心里断言：这位奕心姑娘，在职场中可能会大有作为。

在职场这个充满挑战的赛道上，女性经常能展现出不凡的实力和独特的优势。只要我们学会放大自己的优势，就能在职场中游刃有余，稳步发展。那么，除了感性的天赋和优秀的沟通能力外，女性在这一赛道上还有哪些优势呢？

第一，女性的直觉敏锐，能够深刻理解他人的情感和需求，这让她们在团队中自然而然地成为桥梁和纽带。女性领导者通常能以包容和理解的心态，建立高效和谐的团队，这在解决问题和推进项目中显得尤为重要。

第二，女性在面对困难和挑战时，通常不会轻易放弃，而是持之以恒地寻找解决方案。这种坚持不懈的精神，让女性在追求职业成功的路上越走越远。同时，女性在决策时的细腻思考，也使她们能够从多角度审视问题，做出更为全面和周到的决策。

第三，女性的利他思维和奉献精神让她们在职场上更易受到尊重和信赖。她们懂得分享和给予，这种正能量不仅能激励团队成员，也能打动合作伙伴和客户，为事业的发展赢得更多的机会和支持。

第四，女性对细节的敏锐和重视，则是她们在职场竞争中的又一"杀手锏"。无论是项目规划，还是客户服务，女性往往能够把握住那些微小但至关重要的细节，使成果更为出色，赢得了业内外的广泛认可。

女性在职场上的成功并非偶然。她们以自己独特的性格特质和能力，展现出卓越的职业竞争力。

然而，女性在职场中拥有天赋，并不意味着我们可以自满于现状。为了在职场中更好地利用这些优势，我们需要不断提升自己的思维能力及个人技能，同时珍视并发扬女性独有的母性气质和温暖气质。在职场中展现女性的温柔力量，不仅能促进团队的和谐，还能帮助我们在竞争中脱颖而出。

要知道，职场并不是一个单一的战场，它是一个充满机遇和可能性的舞台。每位女性都应该自信地拥抱自己的性别优势，发挥自己的独特天赋。通过在职场中不断充实和完善自己，我们也将在事业方面走得更加平稳长远。

霏嵝嵝二三说：

① 职场需要温度，而这恰好是女性的天赋。

② 女性的利他思维和奉献精神，能让她们在职场中走得更稳。

③ 感性与同理心，是女性在职场中的强大武器。

第五章

关系

资本

可不可以做全职妈妈

全职妈妈并不是谁为了谁而牺牲，它只是一份关于生活状态的选择。没有谁能阻止一位女性成为全职妈妈，同样，也没有谁能迫使一位女性成为全职妈妈。

听过我的课程的朋友都知道，我一向不赞同女性为了家庭放弃自己的事业和梦想。因为我认为全职妈妈是一个听起来充满温情，但实则重负艰辛的身份。

在这个温柔的词背后，往往意味着一位女性的职业生涯的中断，社交圈的缩减，以及与社会脱节的风险。如果一位女性愿意成为全职妈妈，那她一定对家庭爱得很深。

从照顾孩子、清洁、做饭、采购到家庭成员财务管理等，这些工作若是累积起来，全职妈妈一年的劳动价值至少能达到数十万元。但遗憾的是，这些劳动往往被社会和家庭忽视，因为全职妈妈们的付出，大多得不到应有的认同和尊重。

"是否成为全职妈妈"这个问题并不能简单地用对或错判断，因为这是一个深刻的个人选择问题。但如果我必须表达我的观点，我会说："我不会选择全职妈妈这份职业。"

要知道，每个人的情况都是独一无二的，这种情况包括个人的需求、生活阶段，甚至是个人的价值观和生活理想。对于全职妈妈来说，由于她们没有独立的经济收入来源，可能会在某种程度上影响其基本的生活和安全需求的满足。此外，家庭的重复劳作虽是对家人的爱的体现，却很少得到认可与尊重。在这种生活模式下，很多女性会逐渐对自己失去信心，继而形成情感与价值的巨大缺失。

家庭关系虽然重要，但并非不可改变，一旦家庭关系出现问题，全职妈妈可能就会处于较为被动的位置。即使家庭经济条件允许，不需要为生计而忧虑，工作对于个人，尤其是对于女生来说仍然具有重要意义。通过工作，她们可以更广泛地接触社会，拓宽视野，建立社交网络，这不仅能满足社交需求，还有助于个人的自我成长和实现。

相对于职场和社会交往，全职照顾孩子和家庭的生活圈子较小，全职妈妈也可能会缺乏一个明确的成长目标。有人曾对我说过："崆崆老师，我的全职妈妈生活似乎就像进入了一条没有出口的隧道，我不知道前方在哪里，也不清楚下一步该做什么。我做全职妈妈前，就好像身处一个相对开放的系统；做了全职妈妈后，我却身处在一个相对封闭的系统。"她形容的这种感觉让我印象十分深刻，或许，这也是全职妈妈的较为普遍的生活状态。

许多女性选择成为全职妈妈，是出于对孩子和家庭更好地照顾和陪伴的考虑。如果这种生活方式使她们感到满足和快乐，那么成为全职妈妈无疑是一个合理的选择。然而，如果这是一种出于对孩子和家庭的牺牲而做出的选择，那我个人则不建议这样做。

正如在紧急情况下，父母要先把飞机上的氧气面罩戴好再帮助孩子戴一样，照顾他人之前，你也要首先确保自己的安全和幸福。

女性，只有自己足够强大和安全，才能更好地照顾和支持家人。

每个人都是独立的个体，每个人都应该拥有多重社会角色，每个人的选择都应基于个人的情况和需求，不应盲目追随他人的观点。如果成为全职妈妈能让你感到满足和快乐，那么它就是一个好的选择。毕竟，在你的生活中，追求幸福和满足是最为重要的。但如果成为全职妈妈的生活让你疲累、迷茫、痛苦甚至是绝望，那你也不必放弃自己的所有，更不必退守在家庭中。

你需要意识到，"保持学习"和"维持社交"是帮助你觉醒自我意识的妙方。

是否成为全职妈妈，是你的选择。但无论选择何种生活方式，女性都应被赋予尊重和理解，并且女性也应该尊重和理解自己。你选择成为一名全职妈妈不是形势所迫，也不是被某种观念所束缚，而是基于个人真正的愿望和幸福感。

每个人的幸福只有一种，那就是你正在过着的自己希望的生活。

霏崆崆二三说：

① 不要为了任何人妥协，除了你自己。

② 永远记得"保持学习"和"维持社交"。

③ 全职妈妈也是一种职业，你在做决定前需要仔细思量。

男人有多爱你，取决于你有多爱自己

> 我们经由爱成长，也经由爱感受并接纳人生。最终，我们发现最好的爱人是自己，而不是别人。想要知道对方爱我们有多深，或许我们要问自己，爱自己究竟有多深。

布谷鸟姑娘（化名）听了我的一节课后，立刻报了我所有的课程，只因为我说了一句："你尽管优秀，老天自有安排！"

她不着痕迹地拂掉了凝蓄在眼睛里的泪水，然后大大咧咧地对我说道："崆崆老师，我觉得你说得对。从前我觉得自己什么都不值得，但听完你的课，我觉得自己值得所有最好的。"

一来二去，我跟布谷鸟姑娘渐渐熟络，我这才知道，她并不是一个擅长表达情感的女孩，也不是一个足够自信大方的人。初见面时，她只是因为刚好经历了一些事情，才成了我眼中的那个"性情中人"。

　　　　　　　　　　　　　　　　　　　　　　　幸福资本

曾几何时，布谷鸟姑娘也是一名"卑微到尘埃里"的女孩，男友的帅气优秀，让她总觉得很有危机感，即便布谷鸟姑娘也同样优秀，但面对男友身旁的莺莺燕燕，她总是会下意识地逃避，并且下意识地对男友更好，以此来证明自己才是最适合对方的。

或许真印证了那句歌词："被偏爱的总是有恃无恐。"男友对布谷鸟姑娘变得越来越没耐心，他理所当然地索取，却丝毫没有付出一点儿的打算。慢慢地，布谷鸟姑娘变得更加敏感和小心，但她还是发现了男友与其他女生的暧昧关系。

她其实早就知道，男友并不是可以托付终身的良人，但时间久了，布谷鸟姑娘的自卑将她困于局中，让她觉得男友和自己在一起是出于一种同情和怜悯。

于是，她故作不知，可她的卑微并没有换回男友的心。于是，她报了我的课，打算往后余生，只投资自己。

投资自己，永远不会让自己失望。

布谷鸟姑娘原本就十分可爱，课后，她通过服饰很快找到了修饰体型的"穿衣密码"，再结合简单的化妆、发型的调整，瞬间整个人变得精致甜美，吸引了很多追求者。现在，布谷鸟姑娘变得越来越美丽，也越来越自信。她说："还好，当初你把我拉出了火坑。"

"你做了投资自己的选择，现在的你，明媚了过去的自己。"我看着耀眼的布谷鸟姑娘，由衷地说道。

爱自己的核心在于自爱，但自爱并不仅是自我接受，更是一

改造前　　改造后

布谷鸟姑娘形象改造前后对比

种深刻的自我理解和自我尊重。当你懂得爱自己时，你就会为自己设定标准，这不仅在于你能接受什么样的爱，也在于你怎样去爱。此时，你的价值不是由外界评定的，而是由内在的自己决定的。

从心理学角度来看，自爱的人往往更自信、更积极、更有吸引力。这种内在的光芒吸引着他人，包括伴侣。如果你爱自己，你更有可能吸引那些也能看到你的价值的人。这种关系是建立在相互尊重和欣赏的基础上的，而非需求和依赖。

从社会学角度来看，自爱则影响了你与社会的互动方式。自我尊重的人不容易接受不平等的关系，他们更倾向于寻找那些能够提供相互尊重和成长空间的伙伴。

你需要记住，你自己才是你的生命中最重要的人。你值得被爱，值得拥有美好的事物。爱自己不是一种自私，而是一种必要的自我关怀和尊重。它意味着认识自己的价值，不是在某人的眼中，而是在自己的眼中。

爱自己是一种力量，它让你在爱情中保持坚定和独立，不会因为追求爱而失去自我。爱自己，你首先要学会倾听自己内心的声音，了解自己真正的需要和欲望，不要让外界的声音淹没了你内心的呼唤。你的兴趣、梦想和愿望，都值得被尊重和追寻。

我在讲述爱自己的这部分内容时，通常会从下述五个方面进行。

第一，自我接纳。接受自己的不完美，认识到每个人都是独一无二的，每个人都有自己的价值和美。

第二，自我关怀。照顾好自己的身体和心灵，健康的饮食、适量的运动、足够的休息，以及心灵的滋养，如阅读、冥想、与亲密朋友的交流等。

第三，界限设定。学会说"不"，为自己设定界限，保护自己免受伤害。

第四，自我成长。不断学习和成长，追求自己的兴趣和激情，让自己的生活更有意义。

第五，积极自我对话。改变自我批评的习惯，用鼓励和爱抚的话语与自己对话。

这五个方面能让你懂得，爱自己意味着照顾自己的身体和心灵，也意味着你是需要不断成长和进步的。保持健康的生活习惯，培养正面的思维，让自己的内外都充满活力。当你照顾好自己时，你的自信和魅力自然会增强，这种自信和魅力，是真正吸引他人的关键。

生命不是静止不变的，它是一个不断发展和成长的过程。投资自己，无论是通过学习新技能，还是探索新的兴趣领域，都会让你的生活更加丰富多彩。当你充满热情地生活时，你的光芒会吸引那些能够欣赏你、与你共同成长的人。

我很喜欢"你若盛开，蝴蝶自来"这句话。女性只有经营自己，悦纳自己，才能吸引那些真正懂得欣赏你的人，与你一起分享这个世界的美好。

愿我们都能成为照亮自己生命的那束光。

霏崆崆二三说：

① 爱自己，是终生浪漫的开始。

② 请骄傲地投资自己，因为你很好，因为你值得。

③ 能拉你脱离泥沼的，只有未来那个更好的你。

离婚后，人生会变得怎么样

> 只要走过这段最狭窄、最艰难的至暗时光，你就会抵达自己最想去的地方。不管是坡顶还是谷底，只要风景足够富有生机，人生便依旧美丽。

我与她第一次相遇，是在品牌方举办的一次时尚晚宴上。当时，她佩戴着珍珠耳环和珍珠项链，柔润的光泽衬得她温婉迷人。于是，我便称她为珍珍女士。

活动之余，我与珍珍女士开始攀谈。说了三五句话，珍珍女士便主动向我询问道："崆崆老师，您好！很开心在这里能遇见您，我听过您的线上课，非常棒。我知道您帮助了很多女人变得更加幸福美丽了。我想问下您身边有没有离婚的朋友？"

"有很多，但这属于个人隐私，我不能随意透露。您想具体咨询什么内容呢？或许我可以帮到你。"我看着温柔的珍珍女士，实在很难把她现在的状态跟"即将离婚"联系在一起。

珍珍女士略一犹豫，便对我敞开了心扉。

原来，她跟老公白手起家，创下了一份不菲的家业。但是，两个人子女缘浅，珍珍女士已经年近四十却仍然没有孩子。虽然她保养得宜，但她的老公仍然以没有孩子为由，要求同珍珍女士离婚。

珍珍女士的老公将一些实业公司的账做成了亏损，提前转移了财产。此时离婚，珍珍女士不仅分不到自己应得的那份财产，还有可能要负担一笔债务。

看着珍珍女士平静地阐述，我对她有些佩服。在这种情况下，竟然还能保持冷静和优雅，珍珍女士一定有她的过人之处。

我问道："你客观地分析，这些公司是你管得多，还是他管得多？"

珍珍女士沉吟片刻："这些公司都是我做起来的，虽然他一直在管财务，但客源、人脉、渠道都在我手里。"

我犹豫了一下说道："按理说，这属于你个人的私事，我是不应该置喙的。我只能说，如果这件事是我来处理，我在没有证据证明对方转移资产的情况下，宁可快刀斩乱麻。"这些年，我身边有过太多离婚的案例，真正能打个漂亮的翻身仗的人太少。所以，在珍珍女士非常有能力的前提下，我建议她能够勇敢地迈出这一步。

珍珍女士恍然笑道："你点醒了我。事实也的确如此，其实，我们二人若离婚，相信更难受的会是他。只是，到底是携手近二十年，有些不舍。"

我点了点头说道："或许，你并不是不舍得，只是习惯了过去的生活，对未来有些忐忑。"

其实，离婚后的人生可能是多种多样的，至于具体情况，还要取决于个人的态度、所处环境，以及他们应对变化的能力。毕竟，一方面，对一些人来说，离婚可能意味着重获自由，意味着可以开始一段新的生活，也意味着会拥有个人成长的机会。另一方面，对一些人而言，离婚也可能伴随着情绪的低落、经济压力的增加，以及对家庭的影响。

从情感方面看，离婚后的人们大多会经历一段复杂的调整情绪过程，包括悲伤、愤怒、失落、解脱等。随着时间的推移，大部分人能够逐渐适应这种变化，并且找到新的生活平衡点，他们也会通过离婚重新发现和审视自己，发掘新的兴趣和激情，重新定义自己的生活目标和价值观。

从经济方面看，如果婚姻中一方的经济来源主要依赖另一方的经济支持，那么离婚之后，没有经济来源的一方可能会更难适应变化。因此，重新规划财务以及赚取劳动报酬则是一部分人必须面对的另一个现实。

从家庭方面看，对于有孩子的家庭，离婚可能会对孩子造成影响，但影响的程度和性质很大程度上取决于父母如何处理离婚的过程以及离婚后的亲子关系。一个积极的共同抚养环境可以减少对孩子的负面影响。

也就是说，虽然离婚可能是一个压力源，但它也可以是个人成长和自我发现的契机。离婚后的人生既有挑战也有机遇，关键在于个人如何处理这一转变，以及他们如何利用这一经历促进个人的成长和发展。

其实，许多人都能如珍珍女士一般，能够度过离婚后极其焦虑且情绪波动很大的一段时期，在面对离婚带来的挑战时就能变得更加独立、自信和美丽。

结束一段关系，哪怕这段关系已经不能再为你带来快乐，那依旧是一个充满痛苦的过程。应对一段亲密关系的破裂，可想而知不是一件轻松的事。

未来没有伴侣的生活会是怎样的？

是否能再次找到伴侣共度余生？

是不是终将孤独终老？

……

这种对未来失去控制的感觉，往往比留在一个不幸福的关系中感觉更糟糕。但是，亲爱的，经历离婚后感到恐惧或不适是很正常的情绪反应。

你可能会感到悲伤、愤怒、疲惫、沮丧和困惑，这些情绪可能非常强烈。未来的不确定性可能会让你感到焦虑，但请记住，这些反应会随着时间的流逝而减轻。而失去希望、受困局中、失去梦想，这些才是你真正难以承受的。悲伤是治愈过程的一部分，它能帮助你放下旧的关系，继续前进。

正如我陪伴珍珍女士一般，在离婚之后，寻求朋友的陪伴和支持至关重要。或许，你平时已经倾向于独自一人，但在这段时间内，孤立自己只会让日子变得更加艰难。因此，与你信任的朋友或家人进行面对面的沟通是非常有必要的。他们可能有类似的经历，能够向你保证新的希望终将到来。

学会照顾自己，在我看来是离婚之后最为重要的一课。为了度过至暗时刻、迎接新生，你需要每日设定自我照顾的时间，并且安排一些能够帮助你平静和舒缓的活动。如散步、听音乐、洗热水澡、按摩、阅读、瑜伽或正念练习等，都可以有效帮助到你。未来很长，相信你终将给时光以生命，而不是给生命以时光。

霏崆崆二三说：

① 不要在亲密关系里变得筋疲力尽。

② 当发现错误时，及时止损就是最好的退路。

③ 人生路漫漫，总要割舍一些东西才能更好地前行。

没有哪段关系值得你遍体鳞伤

> 没有任何一段关系值得我们身心俱疲。真正有价值的关系，应该让我们彼此感到舒适自如，而不是委屈自己，讨好对方。

曾几何时，咛小姐（化名）和悠米女士（化名）是行业内令人羡慕的一对好友。我最初为咛小姐的妆造团队做美学设计，后来，咛小姐将悠米女士介绍给了我。

我一度为她们的友情感动，因为在行业内，像她们这样的诚挚关系虽然存在，但确实相当少见。然而，这段关系最终还是没能走到终点。

当时，有一个相当不错的剧本同时找到了咛小姐和悠米女士，咛小姐正值转型时期，这个剧本对她而言十分重要。于是，悠米女士便为了咛小姐放弃了这个资源。可是，悠米女士背后的团队却不愿意放弃，因为这个剧本真的太适合悠米女士了，于是，她的团队便强硬地拿下了这个剧本。

事后，咛小姐和悠米女士本人虽然没说什么，但两个人的"粉丝"却因此互相攻击，这让咛小姐非常痛苦。

咛小姐轻声对我说道："我跟悠米不一样，我真的很在意别人的看法。现在，大家都说我一个唱歌的不应该跟正经演员抢剧本，虽然我知道悠米不是这样的人，但我真的很伤心。"

事后，悠米女士气鼓鼓地对我说道："我愿意为了她放弃这个资源，这还不够说明问题吗？她以前就有点经不起批评，但我没想到，她竟然不相信我。她背后也是有公司有团队的，那团队非要去抢，我能有什么办法。"

是的，咛小姐和悠米女士的性格和处事方式都不一样，如果放在日常生活中或许不是什么大问题，但在行业内，二人的矛盾却被无限放大。最终，咛小姐和悠米女士还是渐行渐远了。我虽然为之惋惜，但也为二人庆幸。她们都是好女孩，与其在彼此的关系中遍体鳞伤，倒不如抽身退步，各自明媚安好。

在生活中，我们总是害怕失去某种人际关系，可实际上，这却是一种囚禁自己的生活方式。当我们把生活的重心放在满足别人的期望上，就等同于失去了对自己生命的掌控和尊重。随着年龄的增长，我们应当明白，害怕任何关系的结束都是件杞人忧天的事。因为人生本就是一场孤独的旅行，我们不断相遇，又不断离去。在出生和死亡时，我们也终将独自面对。

所以，人生漫漫却又万分短暂，根本没有哪段关系，没有哪个人值得让你遍体鳞伤。遇到对的人，我们固然应该珍惜；遇到不合适的人，我们也要及时止损，从这段关系中及时抽身。

炎樱是张爱玲年少时期最好的朋友，在《张爱玲传》中，张爱玲曾毫不吝惜自己的夸赞之词："每一个蝴蝶都是从前的一朵花的灵魂，回来寻找它自己。"曾几何时，炎樱在张爱玲眼中就是一个烂漫可爱的友人。

可到了中年，两人之间的不投契开始显露端倪。彼时，张爱玲情路不顺，生活落魄，可生活顺遂又喜欢炫耀的炎樱却总是冷遇前去投奔她的张爱玲。最后，张爱玲终于意识到，自己在这段关系里已经开始遍体鳞伤，于是，在那个车马很慢的时代里，两个人连书信也不再写。

这段关系的破裂实在是令人惋惜，但细细琢磨却又合情合理。

要知道，生命中的相遇都是有其意义所在的，但并非所有的关系都能持久。即便是曾经亲密无间的朋友，也不能一直让关系长久保鲜。有些关系会因为双方生活的改变而结束，有些关系会因为彼此的价值观不同而结束。这样的经历虽然痛苦，但也教会我们一个重要的道理：那些使我们受伤的关系，实际上并不值得我们坚持。所以，保持一段关系应当是建立在双方自洽的基础上的，而不应该是以牺牲自己为代价的。学会放手是对自己的负责，也是对生活的负责。

我一直认为，大部分关系的破裂并非突然发生，而是长期积

　　　　　　　　　　　　　　　　　　　幸福资本

累的失望所致。试图维系所有的关系只会让我们疲惫不堪，对于那些已经让你身心俱疲的关系，拿出勇气斩断才会让你重获新生。

在人际交往中，我们也不应该盲目追求被所有人认可，而是要学会区分哪些人值得我们深交。当我们变得更加优秀时，自然也会吸引那些真正懂得欣赏我们的人。建立在这种基础上的关系，才是真正值得我们去珍惜和投入的稳固关系。

所以，请记住，生命中的每一段结束都可能是新的开始的前奏。我们需要用一颗开放豁达的心，去迎接生命中的每一次遇见，无论其最终将走向何方。

霏崆崆二三说：

① 那些让你感到不舒服的关系，都不值得你去投入和维护。

② 维持一段关系需要智慧，结束一段关系则需要勇气。

③ 学会放手，任何关系的终结都不是生活的终结。

浪漫美学，让你在婚姻中占有主动权

> 想要让男人爱你一辈子，就必须学会经营婚姻，而所谓的经营婚姻，其实就是经营自己。只有让自己不断进步，才能在婚姻中占有主动权。

我为国内某著名品牌做商业美学顾问时，与我对接的一位产品经理，这里暂且称她为迎春小姐，我对她的印象比较深刻。

当时，我在对该产品进行商业指导之余，也会跟大家探讨幸福美学。迎春小姐听完我的课后，很坚定地说道："崆崆老师，我觉得女孩还是不要太优秀，要想抓住对方的心，有时候装傻很重要。"

我对迎春小姐的回答不置可否。迎春小姐继续说道："我跟我老公结婚六年了，其实很多时候，他在外面干了什么我都心知肚明。但如果挑破了，我俩肯定会争吵，说不定还会离婚，所以倒不如装傻，世人不都说'傻人有傻福'吗。"

我想了想，说道："那么，你觉得你在这段婚姻里快乐吗？"

迎春小姐摆了摆手："结婚又不是谈恋爱，两个人过日子快不快乐重要吗？重要的是柴米油盐。"

如果我不知道内情，或许我会以为迎春小姐是朵菟丝花。但事实上，迎春小姐家庭条件优渥，事业有成，长相甜美。可是，她却误以为"装傻"是保住婚姻的唯一途径，这让我有些讶异。

该项目快要结束时，迎春小姐又找到了我。她双眼红肿，一看就是哭过的。

迎春小姐有些哽咽："崆崆老师，我老公跟我摊牌了。我就不明白了，我也没管过他，什么都顺着他，我对他这么好，怎么到最后他还是要离婚？"

我知道，这时安慰她什么都没用。在感情中，很多女性最接受不了的打击就是男人突然变心。于是，我对迎春小姐说道："我的建议是，与其守着不能给你在情感和经济上带来任何助益的婚姻，倒不如放过自己，独自精彩。如果你仍旧非他不可，那么只靠装傻是行不通的，你要学会一些方法。"

随后，我告诉了迎春小姐一些我在课上讲过的方法，比如"学会偶尔拒绝他，让他产生危机感""学会适当冷落他，让他对你更用心""学会提升自己，让他对你充满兴趣"等。不过，这些方法都有一个前提，那就是彼此还留有感情。如果双方对彼此已经毫无感情甚至充满恶意，那这样的婚姻还是早日抽身为妙。

在这个快节奏的社会中，爱情似乎成了一个复杂的话题，尤其对于很多女性来说，如何在这个多变的世界中保持一份稳定且长久的爱情显得尤为重要。如果你能从美学的三个底层逻辑——和谐、律动和均衡入手，就能在婚姻中占据主导地位。

美学底层逻辑之一是和谐。所谓和谐，则代表了男女双方和谐共存的灵魂。

有些女孩会因为感激、感动而出嫁，有些男孩则会因为责任与之相守。可是，这只能称作简单的相伴，属于理性与道德层面的东西，与爱无关。可是爱情不仅是两个人在一起简单相伴，更是内心深处的共鸣与和谐。在恋爱和婚姻关系中，双方需要不断寻找共同的价值观、生活方式和理想追求，如此才能让彼此成为真正的灵魂伴侣。

我一再强调："好的婚姻关系，双方应当是势均力敌的战友，应当有齐头并进的决心和能力，这样才能加深彼此的吸引力。"正如美学中所追求的和谐一样，当两人能够在思想、情感上相互理解和支持，这份关系便能够跨越时间的考验，成为一生的牵绊。

美学的底层逻辑之二是律动。律动，即生活中的节奏感。这里的律动，指的是女性要永远保持新鲜感。

生活的乐趣就在于不断探索和变化，应用到爱情中，则是女性在爱情中要不断进步，要不断扩充自己，让对方对自己始终保持新鲜感。女孩千万不要让对方觉得你完全在他的掌控之中，适时保持一些空间感和神秘感，才能让他保持对你的好奇和追求。这种微妙的平衡，也会让爱情更加生动。

我要告诉大家的是："女孩千万别怕自己变得太优秀，因为只有你足够优秀，才能将主动权牢牢地握在自己手中。"

　　人生如同一场长跑，每个人都需要不断地自我超越，提升自己的能力，对女孩来说则更是如此。在爱情中，我们需要不断地学习和成长，努力让自己成为一个多维度的人。当你越来越优秀时，你的吸引力也会随之增长，你的伴侣自然会更加珍惜和爱护这段关系。

　　美学的底层逻辑之三是均衡。所谓均衡，便是指对等的价值。在恋爱和婚姻关系中寻求一种均衡，就要求双方给予和接受的量应当大致相等。

　　爱情是建立在互相欣赏和价值认可的基础上的。每个人都应该成为对方眼中不可多得的存在，这需要我们不断提升自己，无论是内在的修养还是外在的能力，都要努力让自己成为一个有价值的人。

　　让自己在爱情中占有主动权，其实就在于不断地自我成长。每一个女性都应该成为最好的自己，只有当你热爱生活、不断提升自己时，你才能在这个多变的世界中保持一份优质而长久的爱情。

霏崿崿二三说：

① 相爱很容易，相守一辈子却很难。

② 可以崇拜他，但不要让他知道你有多爱他。

③ 女孩不要太主动，适当"冷"一些反而更为自己加分。

第六章

社交

资本

你要的是精准社交，而非向上社交

人为什么要社交？因为人是离不开人的。每个人都需要在社会中同他人建立关系，良好的关系也能给自己带来满足感与幸福感。

旺达小姐（化名）是我儿时的好友，多年未有联系，再相见却是在澳大利亚。彼时，我正在进修形象心理学，在墨尔本街头相遇时，我们一时间竟不敢相认。

我走上前去攀谈，谁知刚与旺达小姐聊了两句，她的两位女伴便不耐烦催促她快些。

我问道："很急吗？"

旺达小姐有些抱歉地说道："不，没有很急，我们明天才去堪培拉，但……崆崆老师，等回国我们再联系吧。"我当然说好。从衣着打扮来看，她们一行人非富即贵，想必旺达小姐这些年过得还算不错。

随后，我便将这件事抛诸脑后，忙碌起来。等旺达小姐再联系我时，已经是一周后的下午了。彼时，她刚下飞机，电话里的声音有些疲惫："崆崆老师，你还在上海吗？我去找你喝一杯吧。"于是，两小时后，我们再一次见面了。

一见面，旺达小姐就迫不及待地说道："抱歉啊，崆崆老师，在墨尔本是想跟你多聊聊的，可是她们着急走……她俩一个是某国际企业的千金，另一个是某银行行长的未婚妻，富有的人可能多少都有点儿脾气。"

我有点奇怪："你的工作需要联系这些人吗？"

旺达小姐摇了摇头："不是工作，是我男朋友介绍我们认识的，他说，人就应该向上社交，扩大自己的圈子，这样才能有更多人脉和资源。"

我不由得失笑："如果你是那个国际企业的千金，在酒会上，有一个知名的银行家和一个普通人，你会选择跟谁社交？"

旺达小姐毫不犹豫地说道："当然是银行家，我男朋友不也是这个意思吗，他……"

说到这儿，旺达小姐戛然而止。

对旺达小姐来说，她的女伴毫无疑问是上层圈子的人。可对她的女伴而言，旺达小姐不过是一个普通女孩。双方没有共同利益，她们又怎么会重视旺达小姐呢？

在当今社会，向上社交似乎成了很多人心中的黄金法则。在我的工作中经常碰到很多客户希望改变自己的形象为自己的向上社交助力。

那么，究竟什么是向上社交呢？

所谓向上社交，就是与那些地位更高、资源更丰富的人建立联系，以此来提升自己的社会地位和职业发展。这个概念基于一个前提，那就是这个人渴求通过接触和利用高层次的社交网络，更快地实现自己的目标。

这种策略不无道理，但它却忽略了一个核心问题，这个核心问题也是我经常告诫大家的内容："如果一个人没有足够的内在价值，那么即使被高层次网络接纳，双方也难以形成真正的互利关系。这种关系即便能够达成，最终也会变成一种单向的索取关系，而不是平等的交换。不平等即脆弱，脆弱则会不长久。"

所以，我更建议大家进行精准社交。

精准社交强调的是建立在共同价值、兴趣和目标基础上的关系。它不是简单地追求与社会地位高的人交往，而是寻找那些与自己志同道合、能够相互成就和支持的人并与之交往。因此，精准社交更注重深度和质量，而不是数量和表面的光鲜。

想要实现精准社交也并非难事，你只需做到如下三点，就可以游刃有余地进行精准社交了。

第一，明确你的社交目的。清楚自己想要实现的目标和追求的价值，这能够帮助你识别出哪些人与你的目标和价值观相匹配，从而更有针对性地与他们建立联系。

　　　　　　　　　　　　　　　　　　　　幸福资本

第二，与人交往需保持真诚。不管你带着什么目的进行社交，你都需要保持一个真诚和开放的态度。不要把自己想得太聪明，也不要把别人想得太钝感。只有真正关心对方，倾听他们的想法和需求，才能建立真正意义上的精准关系。

第三，懂得如何维护你的关系。要知道，社交并不是你去认识某人，或者你把某人的微信加到自己的列表里就算结束了。社交关系是需要持续维护和投入的。做些定期的沟通、分享和帮助，才能让你的社交关系保持活跃和长久。

当然，实现精准社交还有一个重要的前提，那就是像旺达小姐一般懂得投资自己，通过不断学习和成长，提升自己的专业技能和个人素养，让自己成为一个有价值的、有吸引力的人。当你的价值越来越大的时候，你的圈层也会随之越来越上行。

你可以通过话题寻找圈子，再从圈子找到自己需要社交的群体。人们经常会利用互联网和社交媒体平台，寻找与自己兴趣相投的群组或论坛。精准社交也是如此，比如，你想要寻找从事法律方面工作的人，那么，你就可以利用互联网和社交媒体平台，找到律师、法学圈，随后再从这个圈子里发现适合发展社交关系的人。

在社交的过程中，你的主动至关重要。通过寻求帮助，并分享个人经历和见解，你会吸引那些对你感兴趣的人。完成这点后，你还需要向对方展示出积极的回应，这点也有助于你们彼此建立更深层次的联系。

亲爱的，你必须意识到，社交圈的重要性不在于数量，而在于质量。攀附那些所谓的"上流圈子"，过度的应酬和攀比只会消耗你的时间和精力。记住，我们可以向上学习，但无须向上攀附。认清自己，提升自身的价值，找到那些真正能与你建立紧密联系的人，才能真正积累属于你的社交资本。

你是什么样的人，就会拥有什么样的社交圈。而你的社交圈，也决定了你可能会成为一个什么样的人。

愿我们都能够建立属于自己的高质量的精准社交圈，一起收获幸福。

霏崆崆二三说：

① 财富不是永久的朋友，但朋友是永久的财富。

② 与其向上攀附不属于自己的圈子，不如进行精准社交。

③ 社交无非就是允许自己做自己，也允许别人做别人。

幸福资本

你想成为谁，你就靠近谁

> 每一位女性都拥有改变自己命运的力量，而这份力量，很大一部分来自你选择与之相处的人。

古语云："近朱者赤，近墨者黑。"如果深入剖析这句话，我们就能获得一种更加深刻的人生哲学：你想成为谁，就去靠近谁。

在这个充满无限可能的时代，人们普遍有更多的机会和选择去定义自己的人生。然而，无论是追求职业成功、精神成长还是个人幸福，一个极其重要的因素就是我们选择的与之相处的人。

为什么会出现这种情况呢？

原因很简单，因为人是社会性动物，人们的行为、思想，甚至价值观都在不断地受到周遭环境的影响。与优秀的人为伍，你不仅可以从他们那里学到知识和技能，更重要的是，他们的态度和价值观会潜移默化你，促使你成为更好的自己。反之，如果你总是与消极、懒惰的人相处，那么即便你本身拥有积极向上的心态，也会逐渐被这种氛围所侵蚀。

为什么"你想成为谁，就去靠近谁"这一原则如此重要，为何它能够深刻影响女性的成长和成功呢？这背后的原因其实涉及心理学、社会学以及人类行为学多个层面。

从心理学上看，人们更倾向于模仿那些他们认为成功或值得敬佩的人，这就是我们常说的"榜样的力量"。研究表明，当你靠近这样的人时，他们的言行举止、处理问题的方式，以及他们的价值观和生活哲学都会对你产生影响。这种无形中的学习，让你在不知不觉中吸收了这些成功元素，从而提升了自己。

从社会学上看，人们所处的环境会塑造自身的行为和想法。如果你身边都是积极向上、努力工作的人，这样的环境会激励你也做出同样的行为。反之，如果你周围都是消极悲观的人，即使你本身积极，也可能会受到负面影响。环境的力量是巨大的，它能够改变人的心态和行动方向。

从人类行为学上看，当你与有着共同目标和兴趣的人在一起时，你们就会产生强烈的共鸣。这种共鸣不仅能让人感到精神上的满足和快乐，还能让人相互激励，彼此进步。与优秀的人在一起，你们可以共享知识、信息、经验乃至人脉资源，这对于个人的成长和成功至关重要。

在与优秀人士的交往中，你将有更多反思自己的机会，从而了解自己的长处和不足。这种自我认知的提升是个人成长的重要一步。通过观察他人，你可以学习如何更好地认识自己，从而在自我提升的道路上更加有的放矢。

经常有人问我："崆崆老师，我该如何去做，才能成为自己想要成为的人呢？"

答案很简单，只要你按照如下三点努力，就算尚未成为自己想要成为的人，也会无限接近自己心中那个无所不能的自己。

第一，明确自己的目标

"你希望自己变成什么样？是想成为一名成功的企业家、一位富有创造力的艺术家，还是一个平和的心灵导师？"我时常问学员这个问题，因为这个问题能帮助我的学员明确自己的目标，明确目标后，他就能知道该向哪些人学习。

第二，贡献你的价值

社交重要的不仅是"取"，更重要的是"给"。当你能够为社群或个人提供帮助和支持时，你的社交圈才会尽可能地反馈你。

第三，主动与你的榜样建立联系

不要害怕接近你所敬仰的人。你可以从关注他们的公开讲座、书籍或社交媒体开始，逐渐与对方建立联系。在你靠近对方的同时，你也会下意识地模仿对方，最终成为和对方一样优秀的人。

当然，你在靠近自己所敬仰的人的同时，也不要忘记保持自己的独立性和个性。每个人的成功之路都是独一无二的，从他人那里吸取养分，但也要坚持自己的原则。

总之，靠近那些你想成为的人，并非一种简单的物理上的接近，而是精神上的共鸣、行为上的模仿、知识上的学习、资源上的共享，以及心灵上的激励。当你无限靠近心中的那束光时，你本身就会成为光的一部分，光照亮了你，而你也终将向阳而生。

霏崆崆二三说：

① 优秀是条漫长的道路，但榜样是条捷径。

② 一个人的社交圈子就是他本身具备的吸引力。

③ 人人都能追寻光，成为光，最后散发光。

幸福资本

慕强不如变强：深耕自己，向优秀跃迁

> 人生是一场既漫长又艰难的旅程。这个过程需要持续地努力、不断地学习、勇敢地尝试，以及坚持不懈。

曾经关注过我的朋友都知道，我并不是从一开始就做美学指导的。

关于这点，我从来没有避讳过，因为这并不是什么难以启齿、需要遮掩的事。相反，我觉得我蜕变成现在的样子，其间的每一步都值得纪念。

我曾经很羡慕那些美丽、优雅且自信的女孩，可是后来，我才渐渐明白与其羡慕她们，不如投资自己，让自己也变成令人羡慕的对象。

有一次，我为某汽车品牌展会做形象指导时，课上，有一位戴着工牌、脸上有雀斑的女孩一直在旁边默默记录着什么。她有些怯生生的模样，让我仿佛看到了以前的自己。

这里我们暂且称她为月见草姑娘。课程结束后，月见草姑娘见我笑盈盈地看着她，便害羞地跟我打了招呼。其实她的五官很漂亮，她却很不自信，总是弓着腰低着头。她披散着头发，穿着一件黑色的外套和一条锥形牛仔裤，整个人散发着小心翼翼的气息，让人很难看到她的美好。

我笑着对她提出建议："怎么不化化妆，再换身衣服试一试？"

月见草姑娘连连摆手："不，我不是，我不能……咳，我不像模特们既漂亮身材又好。"月见草姑娘有些尴尬地笑了笑。

我摇了摇头，说道："谁说的？你的五官很漂亮，在我看来，你甚至不用上美妆课，只需要改变一下发型和搭配，就能变成一个大美女。"或许是有种莫名的亲切感，我突然说出，"你现在有没有时间？我帮你打扮一下"。

月见草姑娘还想推脱，却被她的经理推了过来。我分析了她的脸型和身材，不到半个小时，就让月见草姑娘变成了另一个人。月见草姑娘看着镜子里的自己，惊讶地张大了嘴巴。时不时，路过的人还会忍不住瞥一眼月见草姑娘——此时的她实在太过耀眼，让人忍不住投去羡慕的目光。

人究竟怎样才能走出不自信呢？其实只有你切身感受过美好所赋予的魅力，才能真的破茧成蝶，成为令人羡慕的对象。

我经常给大家讲乔丹·彼得森在《人生十二法则》中提到的

改造前　改造后

月见草姑娘形象改造前后对比

"龙虾现象"，这个现象揭示了一个深刻的真理，那就是："生活中的优胜劣汰不仅是自然法则的体现，也是个人成长和社会发展的必然结果。"这一现象告诉我们，单纯地慕强并不足以让我们成为真正的强者，真正的转变源于对自身的深耕与提升。

或许有人会问："崆崆老师，为什么我们要变强呢？"

这个问题的答案很简单，我们不妨想想，其实我们在社会的每个角落都能观察到这样一个现象，那就是强者能够通过自己的努力获得更多的资源和尊重，并且为自己赢得更多选择。

那么，我们应该如何深耕自己，让自己从慕强到变强呢？

第一，提升认知，正视自身不足

诸多成功人士的成长历程告诉我们，他们并非天生就是强者，而是通过不断的自我挑战才站到了人生的巅峰。这需要我们跳出舒适区，正视并接受自己的不足，从而勇敢地面对挑战。

第二，积极学习，敢于实践

在信息爆炸的今天，知识更新的速度可谓前所未有，我们唯有不断学习，才能不被时代淘汰。知识的积累需要通过实践来验证和强化，真正的强者，永远是那些懂得在实践中不断学习、在学习中不断实践的人。

第三，建立正向的社交网络

我们需要与优秀的人进行社交，这不仅能激发我们的个人潜能，还能让我们获取宝贵的资源和信息，加速个人成长。

成为强者不仅是为了获得外在的成功和认可，更重要的是实现自我价值和内在的满足。强者之所以强大，不仅在于他们所拥有的资源和能力，更在于他们不断追求卓越、勇于挑战自我极限的精神。这种精神不仅能帮助个人超越自我，也能为社会带来正能量和前进的动力。

慕强不如变强。在追求成为更好的自己的道路上，我们每个人都有无限的可能。通过不断深耕自我，我们不仅能接近那些我们仰慕的强者，更能在这个过程中发现自己的独特价值和力量。变强，不仅是为了赢得外界的尊重和资源，更重要的是实现自我成就和内心的平和。

现在，月见草姑娘早已不是当初那个略显自卑的女孩。

"崆崆老师，实不相瞒，当时你给我化完妆，我激动得一直没敢卸掉，我趁机约了大学时期的"男神"。自从我改变以后才发现，跟他说话原来一点儿压力都没有——要知道我之前根本不敢跟他说话，连看他一眼都会紧张。"月见草姑娘咯咯笑道。她随手整理了一下长发，发丝飘然，宛如仙女，又吸引了不少羡慕的目光。

霏崆崆二三说：

① 没有白费的辛苦，也没有碰巧的成功。

② 只要投资自己，终有一天，你会绚烂成花。

③ 羡慕一个人，就努力让自己变得和对方一样优秀。

如何扩大你的人脉圈

分享是建立和维护人脉的重要途径。通过分享知识、经验和资源，你不仅能帮助他人，也能吸引那些对你的专业领域感兴趣的人。

如果让我说出一个很让我佩服的女性，那她肯定是当之无愧的一位。30岁的她却是女性富豪榜的常客，她的业务已经遍布全球，难得的是她始终保持温婉可爱，我很开心成为她的个人美学顾问，这里我们暂且称她为芭芭拉女士。

一次跨国指导结束后，芭芭拉女士对我说道："崆崆老师，我的雇主想将银行里的二手车卖给某汽车租赁公司，可是，这种行为在我们这里是有监管准则和限制的。现在，没有一个业务单位能把所有的产品组合起来，因为这件事是有潜在风险的。"

我率先问道："这件事违法吗？"

芭芭拉女士失笑道："不，当然不违法，只是没有现有产品，恐怕会不好办。"

我想了想，说道："我之前听过一句谚语，叫'你和总统之间，只相差六个人'。或许你可以问一问身边的人，能否牵线搭桥，促成这项业务。"

芭芭拉女士一拍脑门："对呀，我怎么没想到，你又给了我信心。"

其实，话虽如此说，但我并没有预料到她真的能成功。因为人脉并不是说扩展就能扩展的。

她告诉我，她有一位同事刚好认识某汽车租赁公司的员工，于是，芭芭拉女士便让同事约到了这名员工。通过这名员工，芭芭拉女士又联系到了专门负责拓展业务的经理。这位经理将这件事告知了公司高层，高层经过会议协商，认为这项业务可以做，于是，芭芭拉女士又将该公司的高层与自己的雇主成功约在一处。

芭芭拉女士成功让两个业务单位完成了合作，并推出了以该业务为主的新式金融产品。一切既合规合法，又为彼此创造了价值。而芭芭拉女士也因为自己的人脉，大幅提升了自己的地位。

在个人成长和事业发展的道路上，广泛且多元化的人脉无疑是一项宝贵的资源。正如卡耐基所说："个人的成功很大程度上依赖于人际关系。"在成功的过程中，人脉的作用不容忽视，它往往能在你意想不到的时刻发挥关键作用。

扩大自己的人脉能够为个人和职业发展带来更多机会，那么，我们究竟需要如何操作，才能更加高效地扩展自己的人脉呢？

第一，确定具体目标并持续努力

保持与人的联系是维持人脉的基础。即便没有直接的需要，定期与人保持联系也可以加深彼此的关系，如此一来，当你需要帮助时，对方才更愿意伸出援手。比如，你可以设定每一周期内联系人数的目标，如每周与 5 ~ 10 人进行简短的交流，这些交流可以通过电话、微信、电子邮件等媒介来实现。保持联系的目的，则是让对方感受到你对这段关系的重视。维护既有关系的同时，你也需要不断寻找新的交际机会，如参加一些社交活动、专业论坛或加入某些在线社群，这是能让你接触到更多有共同兴趣或行业背景的人的好方法。

第二，懂得一些接近关键人物的策略

一定要懂得抓住时机，识别并利用与关键人物交流的最佳机会，比如傍晚时分，当你的目标对象已经完成工作，且他们的助手或秘书已经离开时，他就可能更愿意接受非正式的交流。此外，在接触重要人物前，你需要做好充分的准备工作，了解他们的职业背景、兴趣爱好等，这将有助于你在交谈中找到双方的共同点，给对方留下深刻印象。在面对层层的门槛和保护时，你则需要寻找一种新方法来建立联系，比如，你可以同芭芭拉女士一样，通过共同联系人介绍，以一种非正式的方式同对方建立联系。

除了上述两点外，你需要记住的是，在尝试建立新的人际关系时应当逐步推进，避免过于急切。急于求成的态度可能会让人

感到不舒服，而这种不舒服的感觉也会让对方不自觉地疏远你。

而且，在扩展新的人脉的同时，也不要忘记维护旧有的联系。偶尔给你的老朋友、前同事、老同学发个信息，关心一下他们的近况，或分享一些个人的情况或行业资讯，即使是简单的问候，也能让人感受到你的真诚和关心。这种真诚也有助于保持这些联系的活跃。

在扩大人脉的时候，也一定要记得保持真诚、积极主动。只要你愿意，你的人脉就会从数量和质量上完成跃迁，而你本人也会变得更加优秀。

霏崆崆二三说：

① 真诚，是扩大人脉的不二法门。

② 成年人的社交不只要交"朋友"，还要交"盟友"。

③ 把自己变得优秀，才能吸引更多人与你社交。

你落落大方的样子，真的很加分

　　落落大方的女孩子既懂得取悦自己，也懂得善待他人。
每一个落落大方的女孩，都值得拥有更加美好的人生。

　　同期学员对莓莓姑娘（化名）最大的夸奖，就是性格很随和。

　　莓莓姑娘有一头"自来卷"，她长相甜美可爱，平日里风风火火，是个性子直爽的姑娘。彼时，她刚结束了一段恋情——在莓莓姑娘打算向男友求婚的前一天晚上。

　　莓莓姑娘的好友、我的另一位学员惋惜道："真可惜，你专门报了崆崆老师的课，他却没等到你的求婚。"

　　谁知，莓莓姑娘摇了摇头说："我又不是为了他才报的课。他无福消受美人恩，那是他的损失。"

　　学员们立马为莓莓姑娘竖起了大拇指。

　　其实，她真的不伤心难过吗？怎么可能。如果说爱是百分制，那么莓莓姑娘对男友的爱能达到九十分。可是，她没有在大家面前露出一点儿悲伤，反而落落大方地放下了这段感情，这让我非常欣赏。

或许是莓莓姑娘没再纠缠，或许是她的男友又想到了莓莓姑娘的好处。总之，在我的一系列课程接近尾声时，莓莓姑娘的男友捧了一大束玫瑰，又跑来找她复合了。

可令大家没想到的是，莓莓姑娘当场拒绝了他。

拿得起、放得下的女孩，或许容貌不是最美的，身材也不是最好的，却是非常吸引人的。这样明媚的女孩，当然值得拥有更好的男孩。

落落大方不仅是表现在外的风度，更是内在修养的体现。它涉及的不只是自信和独立，还包括对生活的积极态度和对未知的好奇心。这种品质能让人在社交场合中不造作、不紧张，能够自然地与人交往，而不是刻意去讨好或影响他人。这样的人通常对自己有着清晰的认识，知道自己的优点和不足，在人生的各种情境中能够保持真实的自我。

我一直认为，女性的落落大方能体现她深层的自我认知，以及对他人的深度尊重。这种态度的核心无他，唯在于自信与独立。

拥有这种品质的女性，在任何场合都能自如地表达自己的看法，能够保持自尊，不妥协，展现出从容优雅的自信。她们具有独立思考的能力，敢于面对新事物，勇于接受挑战，不在变化面前退缩。她们能用自身的力量，证明自己的价值，不轻易被外界的影响所动摇，始终坚持自我。所以，我非常喜欢落落大方的女性，也以此作为完善自己的要求。

在生活中，这样的女性就像是一阵清新的风，能给周围的人带来舒适和轻松的感受。更重要的是，落落大方的女性在人际交往中能够真诚地对待每一个人，无论是在友情还是爱情中，她们都能坦诚地表达自己，平等交流，建立起基于真诚的深厚关系。

她们不会为了迎合他人而失去自我，也不会掩饰真实的情感。这样的真诚和尊重能够使他人感到被重视和信任，从而促进了深层次的友谊和相互理解。而且，她们也绝不会委屈自己，这种不卑不亢的飒爽性格，不仅会给女性增加魅力，也会让她们的生活过得更加舒心惬意。

从另一个角度来看，落落大方的女性能够灵活应对各种社交场合，知道何时说话，何时保持沉默，如何以适当的方式表达自己的意见，同时尊重他人的感受和观点。这种高情商的体现，也让她们在建立人际关系时更加得心应手，继而赢得他人的尊重和信任。

此外，落落大方还意味着一种乐观的生活观和积极向上的人生态度。这样的女性往往能够以更乐观的心态面对生活中的各种挑战和困难，将挫折视为成长的机会。她们的乐观和积极不仅会影响自己，也能激励周围的人保持正面的态度，共同面对生活的挑战。

　　　　　　　　　　　　　　　　　　幸福资本

人生不是一场与他人的比赛，而是自己的修行之路。在人生的修行之路中，愿我们都能如莓莓姑娘一般落落大方。

霏崆崆二三说：

① 不管发生什么事，永远记得先与自己共情。

② 学会拒绝别人，是人生的必修课。

③ 成熟的标志，就是懂得对不值得的事情一笑置之。

你可以不世故，但必须知世故

生活中确实存在这样的矛盾：一方面，我们被教导要坚持原则，保持诚实与正直；另一方面，又不可避免地需要面对现实的复杂性，并学会与各种类型的人和睦相处。

不管是课程上还是生活中，我经常跟大家提到的一句话是："你可以不世故，但一定要知世故。"每个人都是一面镜子，透过镜子，我们能发现真实的自己。因为在这个世界上，除了睡觉时间外，我们总免不了与人打交道。

做高级订制行业的墨小姐（化名）天真烂漫，但十分懂得人情世故。一次，我的助理正准备去墨小姐的店里取订制好的旗袍，可是恰逢天公不作美，下起了大雨，让她一时间难以出门。没想到，墨小姐为了不耽误我的活动，竟然关了店铺并驱车六十千米，将旗袍亲自送到我的助理的手中。我对墨小姐的帮助深表感谢，她却只是笑眯眯地说道："崆崆老师，我们是朋友，不要跟我客气。"从此，我的旗袍便只在墨小姐家订制。

事实上，墨小姐并不是一个圆滑的人，这点从她的朋友圈就能看出来。她风风火火，嫉恶如仇，却把顾客宠上了天。为何？因为她懂得人生便是人情世故。这一点无关天真，无关圆滑，只是为了让自己过得更好。

在这个复杂多变的世界中，我们身边总是充斥着无数隐性的规则和法则。而这种隐性的规则和法则，其实就是所谓的人情世故。

通俗点儿说，人情世故既包括对人情社会的敏感理解，也包括在复杂社会环境中保持自我原则的智慧。要做到这一点，我们就需要了解人情世故的三重境界，即经世致用、世事洞明和自由自如。

第一，经世致用

经世是通晓世故的起点，它意味着人要亲身投入社会，体验人情冷暖，并且学会在现实环境中找到自己的位置。这个过程包括对人性的初步认识，以及对社会显性规则和隐性规则的适应。

第二，世事洞明

随着对社会规则有更深层次的理解和适应，人会逐渐展现出对人情世故的深刻洞察力。这种洞察力让我们能更加游刃有余地处理各种社交关系，同时保持住个人的初心。

第三，自由自如

在深谙人情世故之后，人就可以到达一种更高的精神境界，那就是在深刻理解社会规则的基础上，超越这些规则的束缚，以一种更加自由和独立的人生态度去生存、去生活。

身处于人际关系复杂的社会，每个人都势必不能完全脱离社会。要想生活并且更好地生活，就需要懂得如何与人为善，如何在保持原则的前提下，灵活地应对各种社会关系和情境。这也是我常对大家说的："我们需要有足够的智慧，去判断何时应该坚持自我，何时又应该适度妥协。"

通过不断的社会实践和自我反思，我们可以逐步深入理解世故的真谛，从而在社会中找到自己的位置。如此一来，我们既不必失去自我原则，也能和谐地与他人相处。

杜荀鹤曾言："闲与先生话身事，浮名薄宦总悠悠。"这句话说的便是从入世到顺世的智慧。而经过一番入世和顺世的历练后，一些人会达到出世的境界。这种出世并非脱离社会，去往深山老林修行，而是在深刻理解世间万象之后，可以用一种超然的生活方式和心态来与人相处。

此时，与人为善已经成你举手投足、行走坐卧间自然而然表现出来的品质，你不必刻意圆滑，因为你已经能在人情世界中游刃有余、淡定自若了。

在许多人眼里，圆滑似乎成了高情商的代名词。但实际上，它往往隐藏着利己的动机和缺乏诚信的行为。这种行为虽然在短期内可能会带来某些便利或利益，但长远来看，却是建立在牺牲他人利益和信任的基础上的，终究不是一种可持续的人际交往方式。

而世故则不同，知晓世故、安于世故是一种人生智慧。一个人内心充满善意，且能够在维护自己利益的同时也考虑到他人感受，那么，他一定是个既懂得人情世故，也懂得坚守原则的人。

在外部交往中，我们可以灵活应对，善解人意，但在内心深处，我们仍然需要坚持自己的原则和道德底线。这种处世方式不仅能让我们在复杂的社会环境中保持适度的应变能力，同时也能确保我们不失去自我，不背离内心的真实和正直，而这也正是人情世故的精髓所在。

古往今来，无数的人和事都证明了真正能够获得他人尊重和信赖的，往往是那些既懂得人情世故，又能坚守原则和诚信的人。不因坚持原则而变得刻板，也不因世故而失去初心和原则，这才是社交的智慧。

愿我们都能成为一个圆润却不圆滑，世故却不世俗的人。

霏崆崆二三说：

① 所谓人生，便是由人情世故串联而成的。

② 思想上可以特立独行，生活则需要懂得世故。

③ 有时候，懂得人情世故甚至比能力强更重要。

吸引力法则：做个高情商女性

情商对于女性的人生成功、职场顺利和家庭幸福都是至关重要的，它能帮助女性更好地理解自己和他人，并建立良好的人际关系，实现最终的成功。

麦麦女士（化名）是我身边一位情商很高的女性朋友，为了不浪费她的天赋，我鼓励她开班授课，以此帮助更多的人。麦麦女士的高情商体现在生活中的方方面面。

当时，我跟麦麦女士都不过 20 岁。我们一起到大城市工作，心里既憧憬又忐忑。一次，麦麦女士的上司加晚班，她请麦麦女士帮忙带一份晚餐回来，麦麦女士照做后，她便递给麦麦女士一张 20 元的钞票。

办公室的大家都有些紧张地看着麦麦女士：要知道，这位上司是出了名的难缠，而且帮上司买饭这件事，如果她收了钱就多少会显得小气，可不收又会伤到领导的面子。更何况，那个时候大家的收入都比较低，20元几乎是我和麦麦女士一整天的饭钱。当年还没有微信发红包、支付宝转账这些功能，麦麦女士必须在最短的时间里做出决定。

就在我们紧张地在心里预想会发生的各种情况时，麦麦女士却微笑地接过钞票，然后说道："谢谢领导，帮您带饭是应该做的，这钱本来不应该收，但怕您下次有吩咐就不找我了，所以这次就先恭敬不如从命了。"

从此，麦麦女士受到了提拔，每次上司去拜访客户，麦麦女士都必在陪同名单中，而她的收入也因此翻了一倍。

没过多久，麦麦女士就获得了跟公司上层一起宴请当地有名的企业家吃饭的机会。这位企业家很喜欢大排场，但又很担心东西吃不完浪费粮食，所以每个请他吃饭的人，几乎最后都会落下埋怨。

点餐前，大家都知道点多了不合适，点少了又要被嫌弃，所以纷纷推脱，谁都不肯点单。没办法，麦麦女士只好接过菜单，面不改色地点了一大桌子菜。企业家看上去兴致不错，但嘴里还是说道："太多了太多了，点这么多我们吃不完，又浪费。"

可麦麦女士却笑着说道："张总，您好不容易来一次，自然要好好招待您。何况，这家饭店您是第一次来，我们也不知道哪些菜符合您的口味，就多点了一些，不合适咱们下次再换。您别看我瘦，但我饭量可不小，就算最后吃不完，还可以打包。"麦麦女士一番话说得这位企业家十分满意。后来，麦麦女士的这番话还成了公司宴请宾客时必备的话术。

麦麦女士还有很多高情商的表现，比如，当我感慨麦麦女士漂亮的形象时，她却颇为遗憾地说道："可惜长得漂亮也没什么用，咱俩都不是靠脸吃饭的。"

再比如，公司的领导夸赞麦麦女士的工作能力强时，她并没有像其他人一样直接说谢谢，而是诚恳道："多亏公司愿意信任我，能够给我机会。"

情商高的女性在职场和生活中都是这么如鱼得水，令人非常羡慕的。

在这个世界上，漂亮的女性比比皆是，但真正有吸引力的却往往是那些高情商的女性。她们的言行举止似乎都带着一种魔力，让人不由自主地被她们所吸引。那么，女性朋友要如何修炼自己，才能成为一位高情商女性呢？

第一，要成为高情商女性，就要学会在恰当的时刻说出恰当的话。高情商的女性深谙在社交场合中什么话应当说，什么话不应当说。她们的话语中不会有刺激或伤人的玩笑，因为她们深知，有些玩笑可能会在无意间伤害到他人，而这绝不是她们所希望见到的。

第二，高情商女性懂得如何在批评中加入赞美，她们不会直接揭露出别人的缺点，而是会通过委婉的方式，让对方在接受建议的同时不感到尴尬或被冒犯。这种方法不仅能有效地传达她们的观点，而且能维护双方的良好关系。

　　　　　　　　　　　　　　　　　　　幸福资本

第三，无论心情如何低落，高情商女性都不会将自己的不快带给他人。因为她们懂得，自己的情绪是自己的责任，而不应该成为他人的负担。因此，即使心中有千言万语，她们也会选择适当的时机和方式来表达，而不是无差别地向他人倾吐。

第四，高情商女性懂得如何用宽容的心对待他人。她们知道每个人都有自己独特的个性和生活方式，而尊重这些差异是建立良好人际关系的基础。她们不会因为一些小小的不满或误解就轻易改变对某人的态度，而是会以更加宽容和理解的心态对待身边每一个人。

高情商女性的吸引力不言而喻，这种吸引力来自她们内心的满足与平和。她们更擅长经营自己的情感，无论是与家人、朋友还是爱人的关系，她们都能处理得恰到好处，因为她们懂得，感情的投入和回报是相互的，真诚和理解是维持关系的关键。

高情商女性身上散发的是一种温柔的、平和的正向吸引力，每一个与她接触的人，都会有如沐春风的感觉。愿我们都能成为这样具有吸引力的女性，从此人生尽是坦途。

霏崟崟二三说：

① 智商决定你的下限，情商决定你的上限。

② 所谓高情商，就是拥有管理情绪的能力。

③ 成功 =20% 的智商 +80% 的情商。

财富

第七章

资本

幸福有价吗

金钱并不是万能的，但人们渴望获得的大部分东西，都要靠金钱获得。幸福当然是无价的，但让你感到幸福的大部分东西，却都可以靠金钱来实现。

经常有人如此问我："崆崆老师，钱能买到幸福吗？"

还未等我回答，就有不少学员说道："钱当然买不到幸福。"

但其实，我的答案是："钱不能买到特定的幸福，比如亲情、友情、爱情此类，但钱可以满足你大部分生活需求。"

也就是说，在这个自由交易的商品社会中，有钱虽然不一定幸福，没有钱却很难幸福。毕竟，金钱确实能够帮我们解决不少问题。

我的学员里有一位做茶叶生意的女士，这里我们暂且称她为三分糖女士。三分糖女士家庭条件比较优渥，曾经，她也一直认为金钱是买不到幸福的，直到七年前，她的父亲因病离世，她才对金钱产生了强烈的渴望。

"崆崆老师，我一直以为，在亲情面前，金钱是最不值钱的东西。但是很不幸，我错了。"三分糖女士有些感慨。原来，这些年三分糖女士和母亲已经过惯了不用为金钱担忧的日子，可随着父亲的离开，家庭经济状况突然变得日益困难。三分糖女士每月三四千元的工资，显然无法支撑家庭开销，不得已，她只能想办法赚钱养家。

最开始，三分糖女士还没有接触到茶叶生意，为了赚到更多的钱，她换了很多工作。一个偶然的机会，她接触到了茶叶生意，并最终决定在这一行扎根。

三分糖女士陷入了回忆："我的生意还没有起色时，其实我母亲是有些怨我的，她开始嫌我在家待的时间太久，又因为在经济上缺乏安全感，所以经常抱怨我没有像其他人家的孩子那样努力、优秀。那时候，我买一份水果捞，她都要唠叨很久，嫌我浪费钱。"

为了证明自己，三分糖女士变得格外地拼。其中的艰辛自不必多说，好在一切都苦尽甘来。

三分糖女士笑着说："有趣的是，我现在茶叶生意做起来了，每年的收入也有几百万。现在，我每次回家，妈妈都把我照顾得无微不至，甚至还会主动买一些很贵的水果，好像我在外面很难吃到一般。"

金钱虽然买不来亲情，却能换到构筑亲情、巩固关系的所有东西。对三分糖女士来说，幸福是有价的吗？答案是肯定的。

我曾经看过一篇普渡大学关于金钱和幸福感之间关系的研究的报道。普渡大学的研究者们为达到幸福的感觉定下了具体的收入数字，他们发现，在美国，年收入达到10.5万美元的人们往往会感觉比较幸福。超过这个数额太多，额外的收入对于个人的幸福感和满意度的影响甚微；低于这个数额太多，人们的幸福感则会变得非常低。可见，一个稳定而适宜的收入能够消除生活中的许多烦恼，让日子过得更为轻松。

虽然金钱不是万能的，但在现代社会，没有钱几乎是万万不能的。

在我们的年少时期，总会对世界抱有一种天真的期待，常常认为金钱不是人生的全部。但当我们走到中年，在面对孩子的教育费用、父母的医疗开支，以及接踵而至的账单时，我们才能真切地感受到，没有金钱，生活的压力会让人喘不过气来。

诚然，钱不能解决所有问题，但缺钱却会让问题变得复杂。因为此时的我们肩上承担着许多责任，面对生活中的各种困难，很多时候都需要用金钱来解决。

经历过生活的风风雨雨的人会明白，虽然金钱不是万能的，但也绝不能忽视金钱的重要性。

所以，亲爱的，如果你问我："崆崆老师，幸福是无价的吗？"

我会回答你："幸福是无价的，因为这种体验无法用金钱去衡量。"

但如果你问我："崆崆老师，那幸福是有价的吗？"

我则会回答你："幸福当然是有价的，因为金钱能解决你生活中绝大部分难题，让你能够有财有力地去追逐那些令你感到幸福的事情。"

金钱就像水源，缺了它会渴死，贪图它会淹死。所以，要想成为幸福的女人，你必须要有吸引钱的能力。愿我们都能成为金钱的主人，而不是金钱的仆人。

霏崆崆二三说：

① 金钱不是生活的意义，但却能让你过上更好的生活。

② 金钱本无好坏，重点是如何利用它获得幸福。

③ 命运面前人人不等，但金钱面前却人人平等。

努力奋斗，笑着选择

每个年轻人，尤其是女性，一定要努力为自己的人生打地基，要去开拓人生疆土，要提高自己应对风险的能力，这样才能把人生过成想要的模样。

我曾经对一位创业初期的女孩——这里暂且称她为泡芙女士——说道："你若想赚这份钱，就不要害怕丢面子；如果你觉得很丢面子，接受不了，那就不要赚这份钱。有时候，换一种赚钱方式也是很必要的。"

这句话虽然严苛，但很有道理。因为每种东西都有自己的分量，如果这个分量超出了你能承受的限度，那么你只有突破和放弃两种选择。

当时，泡芙女士想投资拍摄一部喜剧电影，但因为资金短缺，她不得不时常客串出镜，这让她觉得非常别扭。我看过她的剧本，真的非常不错，唯一的缺点就是泡芙女士在镜头前太放不开，很多有趣的地方都没有被拍摄出来。

泡芙女士也十分懊恼，在生活中，她是一个"偶像包袱"非常重的女孩。她也知道，这个世界上没人在乎她有多美，毕竟比她美的人到处都是。但对于一个女孩来说，在镜头前扮丑仍然需要巨大的勇气。

听完我的话，泡芙女士犹豫了很久。过了两天，她找到我："崆崆老师，我决定继续干这一行。为了房贷车贷，拼了！"

在生活中，多少人都如泡芙女士一般，在无形的经济压力下被迫妥协。

曾经，抖音上的一个短视频触动了无数人的心弦：一位年过七旬的老大爷，穿着恐龙玩偶服，在一家珠宝店门口为了几十块钱的工资，不顾身体的疲惫与不适，拼尽全力招揽顾客。他的这份坚持与付出，背后折射的是生活的无奈与艰辛。

虽说现在的社会人均生活水平已经显著提高，但为了追求更好的生活，每天还是有不少人行走在拼搏的路上。正是在这样的拼搏中，他们展现出了人性中最为坚韧和不屈的一面，这也是让我非常欣赏的点。

抖音短视频中那位穿恐龙玩偶服的老大爷，他的坚强和不屈给了我们深深的启示。面对生活，他们没有选择放弃，而是通过自己的方式，尽力维持生活，展现了人性中那份对生活的热爱和对家人的责任。

穷是一个相对的概念，有时候，它并不代表"衣不蔽体，食不果腹"，它只代表现阶段的一种状态——因为你还能努力，因为你还能更好。而且，穷也不仅是一种经济上的状态，更是对一个人意志和精神的考验。每一个坚持自我、努力奋斗的人，都是在向世界证明：即便现在的生活不是我想要的，只要有坚强的意志和不懈的努力，就能够打破现有枷锁的桎梏，实现自己的价值和梦想。在这个过程中，人的尊严和精神财富将被无限放大，成为克服困难、走向成功的不竭动力。

眼下生活的不如意，虽然能够暂时限制一个人的物质条件，但它绝不应该成为限制个人发展和实现自我价值的绊脚石。从一定意义上讲，经历生活的不如意并勇于破局，不但可以磨炼人们的意志，塑造人的性格，还能让人们在面对生活中的各种困难时，展现出更加坚韧和不屈的精神。这种精神力量，是任何物质财富都无法比拟的。

王尔德曾说："即使生活在淤泥之中，也要仰望星空。"对拼搏奋斗的人来说，仰望星空是一种奢望，他们需要的是脚踏实地。

或许，有的人会问我："崆崆老师，我觉得女人已经很累了，难道她们也要拼命赚钱吗？"

我的答案是肯定的，至少对我来说，我是愿意这么做的。因为对女人来说，挣钱虽然不一定是责任，但绝对是保障。

或许你并不缺钱，或许你十分富有，但通过自己的努力拼搏赚取的财富，会让你感到格外安心。

努力赚钱并不是因为有多穷，也不是因为有多爱钱，只是因为这辈子不想再因为钱去迁就别人、委屈自己；只是因为现在的生活，无法在父母年纪大了之后给他们最好的保障；只是因为想在自己心情不好或心情愉悦时，能来一场说走就走的旅行……

所以亲爱的，请为了你的梦想努力生活，相信好运一定会与你撞个满怀！

霏崆崆二三说：

① 努力把钱挣了，才能笑着做选择。

② 赚钱这件事，要先指望自己，才能指望别人。

③ 自律上进，努力赚钱；接受孤独，保持清醒。

突破那些束缚你的思想

转变现有思维模式并非一蹴而就，它是一个持续的过程。我们会通过思考、感受和行动来塑造自己的生活，只有你的思维开始富足，你的生活才有可能随之富足。

"如果我生在 20 世纪七八十年代，我一定能赶上时代的东风！现在这个时代，机会真的是太少了，钱都被别人赚完了……"

我不止一次听过上面这句话。但我敢说，即便这个世界上真的有时光机，让你能回到那个你认为的黄金时代，你依然抓不住机会。

为什么？因为你的思想受到了束缚，因为你的视野还没有得到拓展。要想过上更好的生活，或者说，要想进入更上层的圈子，你所需要就是突破那些束缚你的思想。

只有突破思想的束缚，才能转变人生的轨迹，让你朝着更明媚的自己靠近。

我曾为一位拥有200万"粉丝"的美妆博主进行过美学指导，这里，我们暂且称她为心俞妹妹。当初，心俞妹妹只用了一个月的时间，就在平台上涨了十万"粉"，这个数据是相当可观的。可在接受我的美学指导前，她从十万"粉"涨到一百万"粉"，却用了近三年的时间。

指导之余，心俞妹妹找我分析为什么最初涨"粉"的速度很快，后来就变慢了，我经过一番分析，最终得出了结论。

作为一名美妆博主，心俞妹妹确实容颜姣好，但在美妆区，漂亮的和技术好的博主实在是数不胜数。心俞妹妹在短时间内涨"粉"到十万主要是所分享的技术足够实用。但她后继乏力，迟迟无法更上一层楼，是因为她被自己的思想束缚了。

心俞妹妹不止一次跟我抱怨："崆崆老师，我要是长得中性美一些，涨'粉'肯定就很快了，我看好多百万博主都是中性美那一类型的。崆崆老师，肯定是因为平台不给我流量了，所以我涨'粉'才慢。"

她总是在猜测、怀疑和抱怨，却从来没有付诸行动，也没有寻求突破。从第一期视频到当时最新的一期视频，你看不出她有什么进步，也看不出她做了多少努力。

于是，我为她制订了一系列方案，比如，在她每一期视频开始前，将开场白变成："大家好，我是即将踏入百万博主的心俞妹妹。"再比如，在视频中加入其他元素，一边化妆一边谈论热门新闻或热梗，并且增加跟"粉丝"的互动。经过一番努力，心俞妹妹终于突破了百万"粉丝"，并且成长到了现在拥有两百多万"粉丝"的大博主。

下面，我将这些破解束缚思想的方法整理出来，供大家参考。只要突破这些思想束缚，你就有可能像心俞妹妹一样，迎来新的突破。

第一，有清醒的认知，即当前的现状并不是你长久的命运

很多人会有一个误区：认为自己只要出生贫穷就注定一生贫穷。如果你认为自己什么都做不到，那么你确实什么都做不到，这不仅是自我实现的预言，更是一种深层次的思维定式。自我禁锢的思维，就如同一片遮蔽了天空的乌云，限制了你的梦想和未来，只有摒弃这种思维，才能改变命运。

第二，改变思维定式

不要有任何"我不配"的思想，哪怕仅仅是自嘲也不要，因为这种思维会让你陷入负面循环，从而助长你的惰性心理。从今天开始，有意识地让自己的思维模式从"我不配"变成"我值得"，并且努力配得上这份值得。认识到自己的潜力，提升自己的价值，才能迎来更好的发展。

第三，积极行动

仅仅改变思维还不够，你必须将这种正面的思维转化为实际行动。设定目标，制订计划，然后努力去实现。无论是提升自我，还是寻找新的收入来源，都需要你走出舒适区，勇敢进行尝试和

挑战。

摒除束缚你的思维是一场心灵的革命，要求我们从根本上突破那些限制我们视野和潜力的思想。正如我常对大家说的："思想决定行动，行动决定结果。"要知道，你的财富状态不仅取决于你挣钱的能力，更取决于你的心态和行动。突破那些束缚住你的思想，拥抱那些能带给你富裕和成功的信念以及行动。

我有许多学员和朋友，都通过改变自己的思想摆脱了令他们苦恼的现状，你也完全有能力成为其中之一。当你开始用更加开阔的眼光看待自己和世界时，就会发现，自己正在稳步朝着更富裕、更充实的生活迈进。

霏崆崆二三说：

① 财富是对认知的补偿，而非对勤奋的奖赏。

② 没有绝望的处境，只有对处境绝望的人。

③ 有时候，坚持做你最不想做的事情，反而会得到你最想要的东西。

会花钱的女人有钱花

女性往往容易被贴上"爱花钱"的标签，但事实上，女性除了"爱花钱"，更"会花钱"。在投资理财领域，女性的力量更不可小觑。

我有一位来自阿曼的客户，这里暂且称她为多莉女士。

多莉女士曾对我说过一句话，让我至今印象犹深。她的大概意思是说："取财之道，下策是靠体力赚钱，中策是靠知识赚钱，上策是靠钱生钱。"

阿曼的海洋资源非常丰富，多莉女士的老公就靠捕鱼为生。后来，有不少其他国家的人前往阿曼海钓，多莉女士便劝说老公做民宿，专门用来招待世界各地前来海钓的客户赶海、浮潜。

最初，多莉女士的老公不是很情愿。毕竟，海钓是一件很烧钱的事情。虽说民宿和船都好解决，但钓竿、渔枪、渔线、路亚、龙虾钩等装备都需要用钱来实现。最终，在多莉女士的再三劝说下，她的老公才决定听从。

多莉女士所在的城市虽然是阿曼的一个沿海小城，但这里仍然有不少嗅觉敏锐的人抓住了这一商机，承办起民宿和出海服务。不过，当地传统的钓鱼方式，是无须使用路亚等工具的。整个沿海小城，只有多莉女士一家民宿能提供国际通用的海钓工具。在多莉女士的授意下，她的老公还购置了不少厨房用具、调味品。

在多莉女士的运作下，她们一家成为当地的富有家庭。现在，凡是去该地海钓的客户，十有八九都直奔多莉女士家。那些曾经嘲笑多莉女士老公花"冤枉钱"的朋友也纷纷改口，夸赞起多莉女士的老公眼光长远。

多莉笑着说道："我很喜欢你们国家的一句话，叫'工欲善其事，必先利其器'，该省的钱一定要省，该花的钱一点儿也不要吝啬。"

多莉女士把钱投资到工具上，为她的家庭带来了不菲的收入。事实上，不少女性都能如多莉女士一般懂得靠钱来赚钱。

作家苏芩曾说："钱这东西，能赚会花的女人才有福气。"这句话也说明了对女性朋友而言，我们既要懂得如何赚钱，也要学会如何花钱。

在如今这个时代，女性的影响力已经不仅仅局限于传统家庭和职业领域，在财富管理和投资决策中，女性的影响力正在逐渐增强。根据相关研究结果，女性群体在管理财务方面发挥着越来越重要的作用，其中，有超过 64% 的女性负责了家庭的短期投资决策，而在长期和大额投资方面，这一比例更是高达 75%。

巴菲特曾经评价说，女性天生具备成为优秀投资者的特质。这一点并不是武断地说女性在投资上一定会胜过男性。巴菲特的评价，只是客观强调了女性天生拥有的一些对投资非常有利的品质。

比如，相比男性而言，女性更善于分析。在做出投资决策之前，女性往往会进行深入的市场研究和分析。而且，女性这种善于分析的能力并不仅限于重视专业顾问和市场分析，还包括对各种信息源的综合考量。大部分女性都不会仅凭一时的冲动做出决策，而是会在充分吸收并分析了各方面的信息后，做出更为理智的选择。这种谨慎的态度能够帮助女性朋友减少因冲动而造成的投资失误，并更好地规避风险。所以，对女性来说，一些稳健的投资往往能帮助她们更好地用钱赚钱。

女性对风险有着更敏感的感知，在理财过程中，风险控制和评估恰恰是十分重要的环节。在选择相对稳定的投资产品时，我们还可以通过分散投资等方式来降低风险，以此更好地分散风险，从而避免投资失误。

除此之外，耐心也是非常重要的投资因素。在投资时，我们不必为了短期的市场波动而轻易改变自己的投资策略，应适当选择坚持持有那些优质的资产，这种长期的耐心不仅能让我们在市场不景气时保持冷静，而且能在市场回暖时获得稳定的收益。这种避免追求短期高风险投资的有效策略，也能更好地帮助女性实现财富的稳步增长。

聪明的女性知道，真正的财富不仅体现在拥有多少钱，更重要的是如何使用这些钱来进一步提高生活水平，并且在经济上实现独立。做一名会花钱、懂花钱的女性，就能享受到更加充实和满意的生活。

霏崆崆二三说：

① 聪明地花钱，比不合时宜地节约更重要。

② 会花钱不仅是一种生活艺术，更直接决定了人们的生活水平。

③ "她时代"下，女性懂点儿投资很重要。

你可以现在没有钱，但不能一直没有钱

当你实现了经济自由，不喜欢的人，可以不必将就；不想要的生活，可以努力改变。

凯瑟琳·赫本曾经一语道破女人与金钱的关系："女人啊，如果你能在金钱和性感之间做出选择，那就选择金钱吧。因为当你年老的时候，金钱将令你性感。"

每次提到这句话，我的女性学员们都会心一笑。

因为对于女性而言，真正的自信和底气毫无疑问源自经济独立。有了自己的经济来源，她们可以自由选择生活方式，无论是购买日常所需，还是在爱情中保持选择的权利，都能更为自由和自主。

记得某次课程直播，我受一位香港的形象设计师的邀请，与

幸福资本

他进行连麦讲座。当时，我的课题就是"钱是你的样子吸引来的"。

当时，一位叫 Lily（化名）的女性留言："我都四十岁了，这辈子也就这样了。钱是不指望了，希望下辈子择偶的眼光能好一些吧。"

Lily 的话立刻引来一些女性的附和。经过我的一番询问，原来，Lily 曾经跟老公非常恩爱，二人郎才女貌，羡煞旁人。可随着时间的流逝，家庭与工作的双重压力让 Lily 越来越无心打扮自己。某次家庭聚会上，Lily 从盥洗室回来时无意中听到家人正在谈论自己，曾经无比爱她的老公有意无意地抱怨自己娶了个"黄脸婆"回家，这让 Lily 十分心痛。从那天起，她便有意识地让自己变美，可老公把钱抓得很紧，Lily 也一直没有找到变美的好方法，直到她遇见了我，然后就有了刚刚的留言。

得知这件事后，我十分心疼 Lily。我特意去了 Lily 的城市，为她进行了一次大改造。初见面时，Lily 显得十分紧张。她穿着深色上衣和运动裤，头发也十分枯燥，人显得十分憔悴。我先为她设计了发型，随后为她搭配了白色小西装配浅色锥领衬衫，最后又为她设计了一款很能提亮肤色的妆容。当 Lily 看到镜中的自己时不由得惊呼："崆崆老师，我，我现在竟然比二十岁的时候更美！"

形象获得了改变，Lily 的气质也直线上升。现如今，Lily 不仅在家庭方面地位飙升，在职场上也同样获得了人们的关注，可谓是爱情事业双双打了个翻身仗。

女性的柔弱和胆怯往往与生俱来，内心深处希望被关爱和呵护，即使外表强悍，心中也渴望找到一个依靠。花自己的钱带来的是成就，而花男人的钱带来的则是幸福感。

两情相悦时，男人愿意将一切收入毫无保留地交给女方，也愿意把家庭的财务管理交予女人，以此来体现出自己对她的深爱和信任，以及愿意与她共同承担生活责任的决心。可一朝情淡，不少男性便会连财政大权也一并收回，令女性苦不堪言。

可见，女性最好的选择，就是提高自己的经济能力，确保自己在爱情中与男方处于平等的地位，这样的关系才能持久稳定。

女性经济独立不仅为婚姻提供了坚实的基础，也是个人魅力的一部分。无论开始时感情多么热烈，都经不过时间的考验和生活的磨砺。依赖男性经济的生活方式，最终可能会导致关系的疏远和婚姻的不稳定。

因此，女性应追求经济上的独立，这不仅是对物质的追求，更是对自由和自主生活的向往。经济独立的女性，能够在说话和行动上更有底气，真正感受到安全。

亲爱的朋友，你可以现在没有钱，但不能一直都没有钱。为了让自己在看中喜欢的包包时，不会因为昂贵的价格忍痛不买；为了让自己在试穿完漂亮的高跟鞋时，不会因为价格太贵而犹豫不决，你需要寻求生财之道，正如查理·芒格所说："想要得到一样东西，最好的方法是让自己配得上它。"

那么，为了实现经济自由，女性要如何改变自己，寻求生财之道呢？

第一，保持自信和独立思考

事实上，每个人都有自己的优点和缺点。当你看见某个人非常优秀时，不要感到自卑，你应当认识到他们也有自己的缺点。如果你把某人看作完美无缺的对象，你就可能失去独立思考的能力。即使是来自某位杰出导师或业界翘楚的观点，你也应该先思

改造前　　　　　改造后

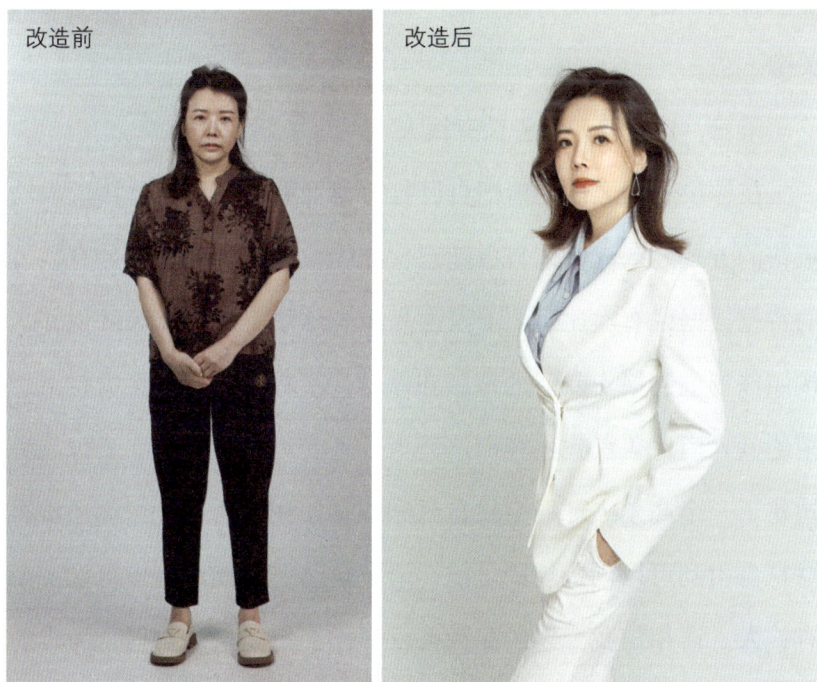

Lily形象改造前后对比

考这个观点是否对自己有用，是否适合自己。女性保持自信，保持独立思考是非常重要的。

第二，增强自己的能量

这里的增强能量并不是什么玄学的东西。从身体角度来说，增强自身能量就是早睡早起，让身体保持一个良好的状态。我曾经因为工作，连续七年都在晚睡晚起，但自从我调整为早睡早起后，我的身体状态也发生了翻天覆地的变化。从内心角度来说，增强能量就是不断提醒自己，"我很棒""我可以做得更好""不要紧""继续加油"。最佳的能量状态，外在表现为关注健康的形象管理，内在则是自信，这不仅让你光彩照人，也是你成功的关键。

第三，让自己看上去像有钱人

在你没成功之前，请把自己打扮得像有钱人，这是接近成功最快的方式之一。所谓自由随意、纯粹取悦自我的穿搭是有钱人的特权。据说有次比尔·盖茨去高尔夫球场打球，那天的他并未按照球场规则换上专业的球服和球鞋，不料被守门的保安拦下，拒绝其入内。盖茨先生在那之后为了不受约束，就在那个球场旁边建了一个高尔夫球场专供自己和朋友使用。所以，当你还没有财富自由到可以创造规则之前，请把自己尽可能地打扮得像一个有钱人。请相信我，你的穿搭可以帮你加持能量和自信，为你的人生制造更多成功的机遇。

经济自由，能够让女性更加自由地选择生活方式。在面对生活中的紧急情况时，经济自由的女性都能够从容不迫。经济独立是女性力量的重要来源，是支撑爱情、亲情的坚强后盾。女性应当早日经济独立，确保在需要的时候能够依靠自己，不留遗憾。

愿所有的女性都能有独立自主的能力，也能真正活得畅快淋漓，用自己希望的方式度过幸福的一生。

霏崆崆二三说：

① 不依附任何人，就不必选择将就。

② 女性追求经济独立是为了有更好、更自由的选择。

③ 女性的底气，是"面包我有，你给我爱情就好"。

请让自己看起来"贵"一点儿

让自己看起来很"贵"并不是简单的外在装扮，而是一种对自我价值的肯定和对生活品质的追求。

我很喜欢一句话，叫作"你的日积月累，早晚会成为别人的望尘莫及"。在探索幸福美学的过程中，我逐渐认识到，每个人都有权利过上高品质的生活。这不仅关乎物质的奢华，更是对自己内在价值的一种肯定。

酩酩女士（化名）虽然总是以简单的衣饰参加活动，但她却是我见过最"贵气"的女性。不管多么平价的饰品，戴在她身上都似乎有着独特的韵味。

一次，酩酩女士请我帮忙为她的米色针织衫搭配一条裤子。

酩酩女士犹豫地说道："崆崆老师，我搭配了很久，都觉得不够自然。"我看着她挂在橱架上的裤子，水洗蓝的直筒裤、烟灰色的喇叭裤、黑色的铅笔裤……

我忍不住笑道："你竟然会因为穿搭而苦恼，你给我的感觉，一直是自由随性的。"

酪酪女士也笑了："我只是让自己看上去自由随性，这样显得更酷一些。好了，快来帮我选一选，我究竟应该怎么搭。"

我随手拿了一条裤子递给她，酪酪女士配了配，然后舒了口气："果然不错，还是这条最配。"

我摊了摊手，向她坦白："我只是随手拿了一条。其实，搭配哪条都很不错，因为你穿什么都好看。"

我并不是恭维酪酪女士，因为她的气质和气场，能够给人一种贵气十足的感觉。

搭配完毕，我与酪酪女士匆匆赶赴活动现场。酪酪女士的声音沉稳温柔，举止优雅迷人，水晶灯折射的五彩斑斓的光，为酪酪女士披上了一层朦胧的纱。此时，她正在跟一位友人谈论杜荀鹤的诗。

原本，这样的场合是应当穿晚礼服的，但酪酪女士一身简单的搭配，却吸引了场上所有人的目光。一些穿着晚礼服的女性，甚至都在自责为何自己这般隆重，倒显得没有酪酪女士那样从容不迫。

我忽然发觉，酪酪女士看起来很"贵"的原因，那就是四个字：厚积薄发。

从自我价值的体现方面看，这里的"贵"不仅是物质上的锦衣玉食，更是对自己的投资。对自己的投资包括教育、穿着、妆造或兴趣爱好培养等方面，这种投资能够帮助我们更好地理解自己，挖掘内在潜力，从而展现出不同于他人的独特魅力。

从品质生活的选择方面看，选择高品质的生活方式并不意味着盲目追求奢侈品或是外在的装饰，而是追求生活中每一件事物和经历的质感以及意义。比如，选择一些健康的食物、选择舒适优雅的居住环境、选择有意义的社交活动等。这些生活方式，能反映出你对生活质量的要求和追求，以及对生活中美好事物的欣赏和享受。

从自信与独立的表达方面看，敢于展现自己，不随波逐流，就是让你看起来很"贵"的重要标志。这种自信源于对自我的深刻理解和接纳，以及不断地自我成长和提升。独立思考和选择能力，能让你在众多选择面前保持清醒，做出最符合自己内心真实需要的决定。这种自信和独立的态度，也会让你自然而然地散发出一种独特的魅力。

从内在充实的追求方面看，无论是深厚的知识底蕴还是丰富的生活经验，都能充实你的内在。这种内在的充实，则会让你的言谈举止自然流露出智慧和深度。

上述内容具体到细节，无非就是穿衣着装、仪态言行和一些细节方面的气质。

穿衣着装是个人品位和内在精神的外在表达。在穿衣着装方面，选择适合自己身形、肤色以及个性的衣物，比盲目追随流行更重要。质感良好的面料和恰当的剪裁能让简单的装束显得高贵，此外，一些订制的服装可以讲一步显示你的自信与品位。

优雅的仪态，则能够深刻体现一个人的教养和内涵。优雅的行走、端正的坐姿、适时的微笑都是非言语沟通中极具力量的表现。得体的言行体现的，则是一个人的智慧和见识。学会精确表达、避免粗俗语言，并在对话中展现出良好的倾听，在言谈中体现出你的智慧、教养以及对他人的尊重，这将大幅提升你的个人魅力。

此外，内在的修养和心态是高贵气质的核心。谦逊、宁静的气质以及宽容的心态也会透过你的言行展现出来。

通过自我投资、追求品质生活、保持自信独立以及不断的内在充实，你可以真正地让自己在精神和物质上都变得很"贵"。这种"贵"是一种内在的光芒，能够吸引同样品质的人和事，从而让你的生活更加丰富和美好。

霏崆崆二三说：

① 变美不仅是消费，更是对自己好一点儿。

② 爱自己，就尽力活成自己喜欢的样子。

③ 先美一步，才能更胜一筹。

第八章

心

力

资

本

所有的美好都源于自律

自律不仅能帮你对抗人性中的诱惑，还能助你塑造个人魅力，提升生活水平，取得长足进步。

我时常告诉那些渴望进步的女性："一个人要有伟大的成就，就必须天天有些小成就。"

阿栗女士（化名）是我认识的，在同龄人里状态最好的女性之一。

一次，她约我出来吃午餐，我欣然赴约。可坐下来以后，她却只要了一份不加沙拉酱的农场沙拉和一杯意式浓缩咖啡，然后看我对着一盘肉酱意面大快朵颐。

我看着剩下一大半的沙拉有些不可思议道："你中午只吃这些？要不要再叫一份肉酱面？他们家的意面真的很不错。"

阿栗女士笑着说："不了，崆崆老师，我都多少年没吃过面了。这种东西只要吃一次就很难坚持拒绝，我还是忍住不碰得好。"然后一口把咖啡喝完了。

我看着她摇了摇头说："果然，所有的美好都来自自律。我还记得你当初是很喜欢意面的，真亏你能坚持住。"

阿栗女士有些不以为然："刚开始的确很难，但说实话，现在我并没有什么感觉，就好像我原本就不爱吃这些东西一样。"

我赞叹她极佳的状态，并且再次发出感慨。果然，真正的美好往往隐藏在那些自律的决策和行为中。

人性，本身就包含了贪婪、自私、虚荣、恐惧、懒惰等。无论是在日常选择还是在工作决策上，我们很容易被这些人性的弱点支配。可是，在追求美好的道路上，我们却要克服人性的弱点，并培植内心的力量，这种力量包括认识自己的弱点和限制。通过这种力量，女性能更好地掌控自己的人生。

对于女性而言，真正的力量来自超越自我。不过，这种超越却并不容易，因为顺应天性是一种本能，克服天性则意味着要面对挑战和不适。

也就是说，当别人沉浸在即时的快乐和舒适中时，你却要逆向而行，选择那些能让你进步的道路。比如，在别人选择更轻松的生活时，而你选择克服懒惰，在充实自己的方面不断深耕。当然，你的付出，也会以更美好的形式回馈你。

茨威格在《断头王后》中说道："她那时候还太年轻，不知道所有命运赠送的礼物，早已在暗中标好了价格。"每一份看似轻易得到的快乐背后，都有其代价。自律不是一种限制，而是一种释放，它让我们能够掌控自己的生活，向着更高的目标迈进。

自律，就意味着在面对诱惑和短暂的快乐时，能够坚持自己的长远目标。无论是学习、工作，还是个人成长方面，自律都能帮助我们有效地利用时间和资源，避免把时间和资源浪费在无关紧要的事情上。

自律，为人们带来了一种内在的平和感。当我们知道自己在朝着目标稳步前进时，会感到一种由内而外的满足感。这种满足感来源于对自己的掌控和对生活的主导，让我们即使在面对困难和挑战时，也能保持冷静和自信。

同时，自律是一场持久的内心修行，它要求我们不断地与自己对话，审视自己的行为和决策。在这个过程中，我们不仅会实现个人目标，更会逐渐理解真正的自由不是无拘无束地放纵欲望，而是有能力按照自己的意志去生活，找到属于自己的最佳生活状态。

不少人曾问我："崆崆老师，自律的秘诀是什么？"在众多方法中，我给大家推荐了"关键20秒"。

这是一种简单而有效的策略，最早由肖恩·安克提出。当时，肖恩试图养成每天弹吉他的习惯，但多次尝试却未能成功。后来，他发现将吉他收藏在壁橱里的做法虽然看似无碍，但在无形中增加了启动这项活动的时间：他必须花费 20 秒左右的时间，来让自己走到壁橱，把吉他拿出来。这 20 秒，成为他学习吉他的巨大阻碍。

后来，肖恩把吉他放在了显眼的位置，伸手就可拿到。很快，他就学会了如何弹吉他。"关键 20 秒"法则的精髓就在于，通过减少开始行动所需的时间和精力，来降低依赖意志力的需求。

因此，如果你有想要做的事情，不论是早起锻炼，还是坚持阅读，抑或有任何想要养成的好习惯，都应尽量让准备工作变得简单。例如，如果你打算早上锻炼，不妨尝试把运动鞋放在床边，这样一醒来，你就能立即开始行动。通过简化启动过程，我们可以更容易地坚持那些能把我们变得更美好的积极习惯。

正如村上春树在《我的职业是小说家》中写道："当自律变成一种本能的习惯，你就会享受到它的快乐。"这种快乐不是短暂的刺激，而是源自对自己进步和成长的认可。自律的力量，在于其能够促使个人不断超越自我，达到更好的生活状态和更高的精神层次。它会让我们的精神更加自由，也会为我们的生活带来更多正向的改变。

不过，自律不是一件容易的事，它需要你持续努力，并且不断地自我挑战。但是，当自律变成一种习惯时，未来的你一定会感激现在拼命努力的自己。

共勉。

霏崆崆二三说：

① 明确你的弱点，并勇敢地面对它们。

② 女性拥有改变世界的力量，但这种力量首先来自改变自己。

③ 无论多小的进步都值得庆祝，它是你美好旅程上的里程碑。

见自己，掌控自己的一切

女性想要提升自己，就一定要先认识自己。只有明白自己的能力和局限，明白自己真正想要的是什么，才能掌控自己的一切。

商业酒会上，一位总裁夫人年逾四十，因保养得当，看上去十分年轻优雅，这里暂且称她费南雪女士。

因为聊天投契，费南雪女士与我互换了联系方式，一来二去，我们熟络起来，她开始时常找我聊心事。

一次，费南雪女士半开玩笑地对我说："崆崆老师，我觉得我的前半生一直过得很纠结。娘家把我培养成了一名事业型女性，婆家却让我做个家庭主妇。老公让我安心在家相夫教子，儿子却鼓励我出去找份工作。"

我问道："那你呢？你自己是怎么想的？"

费南雪女士看着碟子里的甜品出神："最开始，我是不同意辞掉工作的。或许说出来你不会信，我曾是我先生的上级……"随后，费南雪女士给我讲了大部分女士曾经遇到，或者即将遇到的事。

当时，费南雪女士和她先生在一起后，她先生便一直劝费南雪女士不要再工作，可费南雪女士舍不得自己的事业，一直在犹豫。后来，她们企业的原副总裁被调到了印度分区负责业务，费南雪女士作为资深总监，原本很有希望接任副总裁的职位，可这时她却发现自己怀孕了。

婆家知道后，便极力劝说费南雪女士辞职相夫教子，费南雪女士在老公和婆婆的轮番劝说下，便将这个升职的机会让给了她的先生。事实证明，费南雪女士的先生的确很适合管理。后来，费南雪女士的先生被破例升为总裁。儿子长大后，便劝费南雪女士重回职场，但婆家和她先生都极力反对。

费南雪女士说道："崆崆老师，我不是为了钱去求职，只是觉得这样虚度光阴并不适合我。可是，我又很担心迈出这一步后，却发现自己早已跟社会脱节。而且，这么多年养尊处优，我也担心自己不能再从头做起了。"

费南雪女士目光灼灼地看着我，似乎在等一个答案。然而遗憾的是，我最终没有给出建议。因为人生在世，有些事情是有答案、有准则的，有些事情却只能靠自己去思考、去发现。

我始终认为，探索内在力量，见识真正的自我，是通往个人成长和自我实现的基石。我们常常在他人的期望和社会的压力下忽视了最根本的问题："我是谁？""我从哪里来？"

这两个问题看似简单，但每个人的答案都不一样。这两个问题是理解并接受真实的自我，开启人生掌控力的第一步。

认识自我是一个深入探索内在的过程。每个人的成长背景、家庭环境、社会角色，都会对自我认知与行为模式产生深远影响。通过反思自己的成长历程和现状，人能理解为什么自己会处于当前的生活状态，这也是自我发现之旅的起点。

发现自我后，下一步要做的则是挑战和改变。挑战并改变那些限制我们的旧有的信念和行为模式。在这个过程中，我们可能会发现自己生活中的很多选择和决定，并不是出于内心的真实想法，而是为了满足他人的期待。而挑战和改变，并不是为了否定自己的过去，而是要认识到自己有权利、有能力选择不同的生活方式和价值观，然后在基础上进行改变。

勇于挑战和拥有渴望自我改变的意识后，我们便可以着手塑造自己的审美和价值观，这也是"见自己"的第三步。

要知道，我们的审美和价值观往往是由过去的经历塑造的。当我们开始从内心深处探索自己，了解自己真正喜欢什么、追求什么时，我们的审美和价值观也将随之发生改变。这种改变不仅体现在外在的审美上，更体现在内在的价值观上。

重新塑造审美和价值观后，就可以认识一个真实的自我。而认识到真正的自我之后，我们才能更加自信地进入第四步，即"掌控自己的生活"。

掌控自己的生活，就意味着自己不再为了满足父母、伴侣或社会的期望而活，而是根据自己的内心和价值观做出选择。这样的生活是自由的、有意义的，而且能为你带来更丰盛的满足感。掌控生活后，就可以迈向第五步，也就是"享受自由和幸福"了。

真正的自由源于对自我的深刻理解和接受。当我们不再被外界的期望和评价所束缚时，我们就能真正享受生活，发现幸福。这种幸福是建立在自我实现之上的，它是持久且深刻的。

每个人的旅程都是独一无二的。掌控自己的生活，并非一蹴而就，它需要不断地自我探索和成长。其中，重要的是我们要始终保持对自己的真诚和勇气，勇敢地走自己的道路，完成属于自己的人生。

霏崆崆二三说：
① 认识自己是件困难的事，了解自己则更困难。
② 自我认识是个人发展的基石。
③ 只有认识自己，了解自己，才能成为更好的自己。

幸福资本

见众生，知己知彼不受外在干扰

> 人生就是解决不同问题的过程，每个人都有自己的问题需要解决，每天又都有新的问题出现。当你不需要解决任何问题，且什么都拥有的时候，你的人生反而会离幸福越来越远。所谓幸福，就在当下。

在这个经济迅速发展的社会里，不少人都将幸福的定义设置得太高。家庭和谐、事业成功、身体健康，这些原本应当让人觉得幸福的事，却被看成理所应当。可如果你将这些条件投入芸芸众生中，就会发现原来拥有这些的自己，比很多人都幸福多了。

我好友的妹妹，这里暂且称她为美乐蒂姑娘，她在银行工作，收入不错，工作也比较轻松。可是，美乐蒂姑娘却时常感到焦虑和忧郁。

那天，我同好友正在喝咖啡，美乐蒂姑娘来与我们见面，语气是说不出的疲惫："今天，我有三个同事离职了。原因是她们没完成日均五十万的存款任务。"美乐蒂姑娘难免有些兔死狐悲的感伤。她告诉我们，这三个同事都很努力，可才过了半年，他们的职业生涯就结束了。

美乐蒂姑娘愤愤道："我不但要为业绩担心，还整日害怕被人投诉，早知道还不如考师范学校毕业后去做老师。"

恰好，好友便是北京一所小学的老师。她听了美乐蒂姑娘的话不由得失笑："你要是来我们学校，保管你一天都坚持不下去。孩子们每天只上 1 ~ 2 节语文课，但我却要上足 8 节课。我每天批改作业到凌晨，还要备第二天的课，早上 5 点起来做教案，6 点就要出门，准备盯早自习和早操。你羡慕老师清闲，我倒羡慕你每周至少能双休。"

美乐蒂姑娘听完有些沉默，看得出来，她原本很想跳槽，但听了好友的话，她又不由得打起了退堂鼓。每个行业都有其自身的艰辛和不易。在银行，她感受到了前所未有的压力和残酷，但这种压力在其他行业也未必没有。

无论我们处于生活的哪个阶段，都有独一无二的烦恼和幸福。我们不应该用他人的标准来衡量自己的价值，而是应当用心发现自己拥有的或渴望拥有的真实的幸福。真实的幸福，往往有如下五种形态。如果你能拥有其中的两种，那么你的人生就已经能算得上幸福美满且充实了。

第一种，内心时常愉悦

幸福源于那些能让你心灵愉悦的瞬间，比如与爱人共度的温馨时刻、事业中的小成就、生活中发现的小惊喜等。这些体验会让我们感受到快乐和满足，如果能够时常有这种满足，那你的生活就是幸福美好的。

第二种，取得成就的喜悦

当我们在某个领域取得成就时，那份自豪感和满足感一定是任何物质都无法比拟的。它可能源丁我们对家庭的贡献，也可能源于我们事业上的成功，还可能源于我们个人兴趣方面的成就。这份成就感能让我们明白，我们的努力是有价值的，我们的存在是有意义的，这种体验也会增加你的幸福感。

第三种，能够自由追求自己热爱的事物

每个人都有自己热爱和擅长的事物。当我们能够无所牵绊，自由投身于这些活动时，就会发现自己的生活是充实且快乐的。这种幸福是自我价值的体现，也是我们对生活深刻的热爱。

第四种，人际关系的和谐

我们每个人都扮演着多重角色——父母、子女、伴侣、朋友……在这些角色中建立温暖而持久的亲密关系，是我们生活中的重要课题。这些关系能给予我们力量和鼓励，也能让我们在人生旅途中不再孤单。

第五种，有帮助他人的能力

要知道，给予比索取更能增加人们的幸福感。当我们有能力

在物质或精神方面帮助他人时，这种行为对我们来说本身就是一种幸福。通过帮助他人，我们实际上也在丰富自己的内心世界，获得更深刻的人生理解和满足感。

幸福是一种选择，也是一种态度。当我们放下对未来的过度忧虑，珍惜当下，积极寻找并体验生活中的每一个幸福瞬间时，我们就会发现，原来真正的幸福，就隐藏在这些简单而平凡的时刻中。

霏崆崆二三说：

① 心怀感恩，才能拥有幸福。

② 幸福就像山间的一汪清泉，虽然不引人注目，但清冽爽口。

③ 人生，因为满足而从容，因为从容而幸福。

幸福资本

见世界，从此你的人生目标清晰坚定

> 阅人无数，行千里路，意味着开阔眼界，坚定目标，不为小事而烦恼。人要升级自己的维度，才能快速解决问题。

在这个瞬息万变的世界中，很多人都只生活在自己的一方小天地里，他们的活动局限于自己的小圈子，对外界的广阔天地知之甚少。但是，这样的生活，无疑会限制他们的视野和认知，也会让他们在关于人生的真正意义上的理解变得非常局限。

我曾由于一些原因短暂驻足在南方的一个小城里。当时，我每天只能做些线上指导，与我打交道最多的，除了随行的工作人员，就是我们入住的那间民宿的老板娘。

老板娘不是本地人，她是从更南方的城市嫁到这里来的。每天晚饭前后，她都很喜欢来同我攀谈片刻。不过很快，我就发现老板娘的谈话总跳不脱三个人：她的女儿、她的老公，以及来民宿帮忙的小姑子。

"崆崆老师，我跟你讲过我女儿吧？她在市里的初中上学，学习成绩可好了。"这天晚饭，老板娘照例来找我聊天。而这次，是我入住民宿的 20 天以来，第 15 次听她说同样的话题。我温和地点点头："听你提起过，一个喜欢扎马尾的很可爱的女孩，今年读初二。"

老板娘赶忙点了点头："对，就是她。这孩子懂事，学习好。就是我们这样的家庭可能给不了她一个良好的环境。"

我见过老板娘的女儿，一个很能干，也很老实的女孩。如果不出意外，她或许会跟这座小城的其他女孩一样，毕业后终日守着眼前的一亩三分地。

"崆崆老师，您再跟我说说深圳吧，我看电视里，那地方可好了，人们都住在那种上下两层的别墅里。我要是深圳人就好了，这样我闺女也就在深圳了。"老板娘爽朗地笑了，语气中都是对深圳的憧憬。于是，我鼓励她去深圳看一看，反正民宿有她小姑子帮衬。

老板娘倒是一个雷厉风行的人，犹豫了两天，她便踏上了去深圳的旅行。不过，因为种种原因，她并没有多待，只是去看了看东部华侨城，又去了一趟香港。

回来后，老板娘笑着跟我说道："太有意思了，一段旅程就像一部电影。特别是香港那边有不少东西挺好吃的，咱们这里没有那些吃的，我看看能不能做出来。要是能行，我就再做个小吃摊。"我笑着附和，女性敢想敢做原本就不是坏事，何况老板娘本身就有做生意的经验。

在我们离开之前，老板娘的小吃事业就已经开始试营业了。看她的朋友圈，这几年民宿和小吃摊都经营得很不错，这也让我非常赞赏。

当我们走出自己的舒适区，去见识不同的文化、不同的人生，我们的世界观和价值观将会得到极大的拓展。见识了广阔的世界之后，我们才能真正意识到，自己曾经关注的那些小事，实际上并不足以影响我们的人生方向。

这样的见识，也让我们更加明白，生活的真谛不在于眼前的苟且，而在于那些能够让我们成长、让我们更加坚定地走向自己人生目标的经历。

见世界，能让我们如这个老板娘一般发现一个更好的自己。每个人都有自己的问题需要解决，每天都有新的挑战等着我们。当我们见识了世界的广阔，我们就会意识到，通过提升自己的认知，我们能够更加从容地面对生活中的各种问题，不再为那些小事烦恼。

这个老板娘有了新的事业，有了需要忙碌的事情后，她的话题也不再只有女儿、老公和小姑子，她开始考察各类小吃，考察娱乐设备，引进新设备，她的事业越做越大，她很享受这种感觉。

人生就是经历，不闯一闯，不拼一拼，你永远不知道这个世界上原来还有那么多值得让你快乐，让你感到幸福的事情。

而且，开阔眼界不仅是身体上的旅行，更是心灵上的旅行。它要求我们不断地走出去，去体验、去学习、去感受生活的每一个瞬间。这样的生活，让我们的人生目标变得清晰坚定，让我们有勇气去追求那些真正属于我们的梦想和幸福。这样的梦想无关年龄，无关阅历，它会让我们的目标更加清晰，也会让我们懂得如何成为更好的自己。

在见世界的过程中，真正的幸福并不是目的地，而是旅途中我们看到的风景，收获的感悟。愿我们都能历经千帆，迎接和拥抱更广阔的天地。

霏崆崆二三说：

① 女人不仅要读万卷书，更要行万里路。

② 金钱决定旅行的长度，眼界决定旅行的宽度，心灵决定旅行的深度。

③ 看世界，就是提高看待问题的角度，并开阔自己的眼界。

幸福资本

费斯汀格法则：让你心想事成的秘密

> 事物的"好"或"坏"，取决于你如何定义它。如果你看到事情积极的一面，那么它就是积极的，反之则是消极的。

听过我课程的学员都知道，我一直强调："一个人处理事情的态度，其实也塑造和决定了他的一生。"

心态积极的人能看到他人和自己的美好之处，反之亦然。世界上的事物是客观存在的，不会因为个人情绪而改变。无论我们多么痛苦、难过，都无法改变事情的进程，因为一切都在于个人的心态，好与坏、影响的程度都是由我们自己决定的。可见，我们的心态决定了我们的生活质量和做事的效率。

在课程中，我经常为大家讲授一个法则——费斯汀格法则。费斯汀格法则是说，我们生活中的 10% 由遭遇的事件构成，而另外 90% 则由我们对这些事件的反应决定。也就是说，有 10% 的事情是我们无法控制的，但有 90% 的事情却是在我们的控制之下的。

那么，我们该如何应用费斯汀格法则呢?

第一，学会暂停

当发生不愉快的事情时，我们的情绪往往会超越理智导致我们的行为失控。在做出可能后悔的决定之前，我们可以尝试让自己冷静 60 秒。60 秒之后，我们就会发现原来可以通过另一种更合理的方式来解决问题。

第二，让思路变得清晰

我们需要明白的是，事情既然已经发生，那就不能让它的负面影响加剧。人只有思路清晰，不被情绪左右，才会思考正确的解决方法。

第三，积极处理问题

在稳定好自己的情绪后，要安抚受影响的对方，尽可能将事情对对方和对自己的负面影响都降到最低。

第四，懂得结束

我们要有一个明确的认知，就是在自己生气的时候，要告诉自己"让 10% 的突发事件结束于此，避免它影响其他 90% 的生活"。

许多事情再回头看，就会发现原来是小事一桩，只是因为我们的不当处理才让事情变得复杂。我们只要努力确保所有的问题都在 10% 的范围内解决，就可以防止它们蔓延至生活的其他 90%

之中。

我们需要知道，情感互相影响是一种普遍现象。比如，身边人的乐观会让我们感到快乐，而悲观的环境也会让我们变得悲观，如果无法调节自己的情绪，就会让自己也跟随悲观的环境产生出消极的心态。

有人会问："崆崆老师，这个费斯汀格法则跟幸福有什么关系吗？"

答案当然是肯定的。生活中，很多女性在面对问题时都会选择抱怨，会选择放大这种情绪，似乎这样能提供一时的解脱和快感。但实际上，这种选择却加剧了我们的负面情绪，放大了问题的严重性，也削弱了我们克服困难的勇气和创造力。这样的选择不但解决不了问题，还会降低解决问题的能力，妨碍我们对美好生活的追求，破坏我们的人际关系，也让我们的生活陷入更糟糕的境地。

如果放任负面情绪成为我们的生活常态，那我们就很难感受到真正的快乐，生活会因负面情绪而变得单调乏味，我们的未来也将变得暗淡无光。而我的课程，就是帮助女性摆脱眼下的桎梏，用内在的力量破局，发现并迎接一个幸福、美好的自己。

在这个世界上，没有人的生活是永远一帆风顺的，但我们可以通过自己的力量，去寻找一条更顺畅、更美好的道路。

所以，亲爱的，从此刻起，让我们少一些抱怨，多一些体谅；少一些责备，多一些柔和；少一些牢骚，多一些理解。不要让生活中那不可控的 10%，影响你接下来的 90%。愿每位渴望成为美丽的女性，都能在课程中找到内心的渴望和最美的样子，拥抱幸福的一生。

霏崆崆二三说：

① 不要让情绪控制你，你要学会控制情绪。

② 你有什么样的情绪，便会有什么样的人生。

③ 人要学会做三种东西的主人：情绪、语言、行为。